# SCRUM
## Das Erfolgsphänomen einfach erklärt

Die Autoren haben im UVK Verlag weitere Bücher veröffentlicht:

- Design Thinking – Innovation erfolgreich umsetzen (Simschek/Kaiser)
- JIRA – SCRUM erfolgreich umsetzen (Rayher/Simschek/Kaiser)
- Kanban – Der agile Klassiker einfach erklärt (Simschek/Kaiser)
- OKR – Die Erfolgsmethode von Google einfach erklärt (Simschek/Kaiser)
- Prince2 – Die Erfolgsmethode einfach erklärt (Kaiser/Simschek)
- Prince2 Agile – Die Erfolgsmethode einfach erklärt (Kaiser/Simschek)
- SCRUM – Das Erfolgsphänomen einfach erklärt (Simschek/Kaiser)

Erhältlich sind die Bücher gedruckt und digital auch direkt beim Verlag unter www.narr.de

Roman Simschek
Fabian Kaiser

# SCRUM
# Das Erfolgsphänomen einfach erklärt

3., überarbeitete Auflage

UVK Verlag · München

**Roman Simschek** und **Fabian Kaiser** sind die Gründer und Inhaber der Agile Heroes GmbH, einer der führenden Beratungen zum Thema Agiles Projektmanagement. Sie beraten in Deutschland, Österreich und der Schweiz namhafte Unternehmen und helfen ihnen dabei, ihre Projekte erfolgreich zu managen.
www.agile-heroes.de

Text: ©2021 Scrum.Org. http://scrumguide.org. Dieser Text ist lizenziert unter der Creative Commons Namensnennung. Weitergabe unter gleichen Bedingungen 4.0 International Lizenz, die unter http://creativecommons.org/licenses/by-sa/4.0/legalcode zu finden ist.

Bibliografische Information der Deutschen Nationalbibliothek
Die Deutsche Nationalbibliothek verzeichnet diese Publikation in der Deutschen Nationalbibliografie; detaillierte bibliografische Daten sind im Internet über <http://dnb.dnb.de> abrufbar.

3., überarbeitete Auflage 2021
2., überarbeitete Auflage 2019
1. Auflage 2018

© UVK Verlag 2021
  – ein Unternehmen der Narr Francke Attempto Verlag GmbH + Co. KG,
    Dischingerweg 5, D-72070 Tübingen

Das Werk einschließlich aller seiner Teile ist urheberrechtlich geschützt. Jede Verwertung außerhalb der engen Grenzen des Urheberrechtsgesetzes ist ohne Zustimmung des Verlages unzulässig und strafbar. Das gilt insbesondere für Vervielfältigungen, Übersetzungen, Mikroverfilmungen und die Einspeicherung und Verarbeitung in elektronischen Systemen.

Internet: www.narr.de
eMail: info@narr.de

Druck und Bindung: CPI books GmbH, Leck

ISBN 978-3-7398-3112-1 (Print)
ISBN 978-3-7398-8112-6 (ePDF)
ISBN 978-3-7398-0125-4 (ePub)

# Vorwort

SCRUM ist ein Megatrend. Wer Projekte managt oder sich mit dem Thema Projektmanagement beschäftigt, kommt um das Thema Agilität nicht mehr herum. Und Agilität bedeutet heutzutage SCRUM. Denn in mehr als 90 Prozent aller agilen Projekte wird SCRUM angewandt. Obwohl SCRUM bereits vor mehr als 20 Jahren entwickelt wurde, erleben wir erst heute in Deutschland den wirklichen Durchbruch dieser revolutionären Methode im Projektmanagement. Es gibt aktuell in Deutschland einen regelrechten SCRUM-Boom. Wie kommt das? Nun, letztlich liegen die Grundprinzipien und Ansätze, die mit SCRUM vermittelt werden, absolut im Trend: das hierarchische Projektmanagement ist am Ende. Autonome, sich selbst managende Teams sind heute eine Selbstverständlichkeit. Themen wie Holocracy, Design Thinking zeigen ganz deutlich: die Macht liegt heute beim Team beziehungsweise den Mitarbeitern. Und dieser Trend zeigt sich auch beim Managen von Projekten.

Da es SCRUM schon einige Jahre gibt, haben sich in den letzten Jahren immer mehr Autoren, Berater und Experten darangemacht, die Methodik weiterzuentwickeln, zu verändern und zu ergänzen. So entstanden viele Varianten von SCRUM. Oft war der Beweggrund dahinter wirtschaftlicher Natur, um auf den bereits sehr schnell und erfolgreich fahrenden Zug aufzuspringen. Wir als Autoren dieses Buchs sehen diese Entwicklung kritisch. Denn aus unserer Sicht funktioniert SCRUM nur, wenn es in seiner einfachsten und reinsten Form angewendet wird. So wie es von den Begründern dieser Methode auch angedacht war. Aus diesem Grunde begrüßen wir es auch sehr, dass die beiden Väter von SCRUM, Jeff Sutherland und Ken Schwaber, im Jahr 2010 den SCRUM-Guide herausgegeben haben. Dieser stellt auf wenigen Seiten den Kern und das Rahmenwerk von SCRUM klar dar und definiert die wichtigsten Regeln und Prinzipien. Aus diesem Grund ist es auch das Ziel unseres Buchs, SCRUM nicht weiter zu verfälschen oder mit eigenen Ideen zu ergänzen. Unser Maßstab ist es, das von Jeff Sutherland und Ken Schwaber erdachte und über die Jahre immer weiter entwickelte

Rahmenwerk von SCRUM in seiner Reinheit und Klarheit, verständlich und in strukturierter Form darzustellen.

Hauptfokus ist hierbei, allen, die sich auf eine Zertifizierung nach der größten Organisation für SCRUM – der SCRUM.org – die wichtigsten Inhalte in einfacher Form zu vermitteln. Dies ist es auch der Ansatz, welchen wir in unseren eigenen Trainings leben und anwenden. SCRUM in seiner Reinheit funktioniert und ist sehr erfolgreich. Grundlage ist hierbei, dass wir die Praxis von SCRUM aus unserer täglichen Beratungspraxis kennen. Das bedeutet, dass es uns bewusst ist, dass in vielen nach dem klassischen Wasserfallmodell gemanagten Projekten Elemente von SCRUM beziehungsweise aus dem Agilen Projektmanagement verwendet werden. Hiergegen ist auch grundsätzlich nichts einzuwenden. Auch wir haben oft Komponenten von SCRUM in großen und komplexen Transformationsprojekten angewandt und ausprobiert. Wichtig ist hierbei jedoch, dass es sich dann letztlich nicht mehr um SCRUM handelt. SCRUM funktioniert nur in seiner Ganzheit, ohne einzelne Komponenten wegzulassen oder zu ergänzen.

Zurück zum Ziel dieses Buchs: Wir wollen dich auf eine möglichst effiziente Art und Weise fit für die Zertifizierung von SCRUM machen. Unser Buch bereitet dich hierbei jeweils auf die Stufen I des SCRUM Masters und des Product Owners vor. Dieses Vorgehen hat sich vielfach in unseren eigenen Trainings als erfolgreich erwiesen. Weshalb es auch in diesem Buch Anwendung findet.

Diese Erfahrung und unser Praxiswissen haben den Aufbau und die Struktur dieses Buchs beeinflusst. Insgesamt haben wir dieses Buch in fünf Kapitel gegliedert:

- Warum ist SCRUM so erfolgreich?
- Was ist SCRUM?
- Wie funktioniert SCRUM?
- Wozu ist SCRUM in der Praxis anwendbar?
- Wie funktioniert die Prüfung und Zertifizierung?

Das Buch beginnt mit einem allgemeinen Teil, in dem wir darauf eingehen, was die Gründe für den Erfolg von SCRUM sind. Danach beschreiben wir, was SCRUM zu SCRUM macht. In diesem Teil werden wir dir das Basiswissen vermitteln, das du benötigst, um SCRUM in seiner Grundmethodik zu verstehen und anzuwenden. Und dies auch unabhängig davon, ob du die Prüfung zum SCRUM Master, SCRUM Product Owner oder einem anderen Ausbildungslevel absolvieren willst.

Die nächsten beiden Kapitel hingegen zielen konkret auf Wissen ab, das du benötigst, um die beiden Zertifizierungsstufen SCRUM Master oder SCRUM Product Owner erfolgreich zu bestehen. Diese beiden Stufen sind immer noch die am Markt am häufigsten angebotenen und nachgefragten Zertifizierungsstufen. Je nachdem, ob ihr also auf die Prüfung und Zertifizierung zum SCRUM Master oder SCRUM Product Owner lernt, solltet ihr diese beiden Kapitel intensiv durcharbeiten.

Das darauffolgende Kapitel gibt euch dann einen Überblick darüber, wie ihr die Prüfung für SCRUM ablegt und welche Zertifizierungsanbieter es gibt. Hier findet ihr also alles dazu, wie ihr am besten und schnellsten zur SCRUM-Zertifizierung kommt.

Der letzte Teil des Buches umfasst das SCRUM-Glossar. Es basiert auf dem Glossar der SCRUM.org. Es gibt euch einen Überblick über die Definitionen aller im Rahmen von SCRUM verwendeten Begriffe. Dieses Kapitel ist optimal, um sich vor der Prüfung nochmals einen Überblick über die wichtigsten Begriffe zu verschaffen und den eigenen Wissensstand zu kontrollieren.

Dieses Buch, so wie du es in den Händen hältst, ist das erste Buch seiner Art. Es ist nicht nur ein Buch, sondern es ist ein kombinierter Vorbereitungskurs auf die Zertifizierung von SCRUM. Letztlich bieten wir mehrere Komponenten für die Vorbereitung auf die Prüfung der Zertifizierung nach SCRUM an:

- Buch (das Buch hältst du gerade in deinen Händen)
- Präsenztraining (www.agile-heroes.de)
- Onlinekurs (https://www.agile-heroes.de/scrum-onlinekurs/)

Dieses Buch enthält alles, was du brauchst, um für die Prüfung fit zu sein. Dennoch gibt es unterschiedliche Lerntypen. Und nicht für jeden reicht ein Buch alleine als Vorbereitung aus. Deswegen entscheide du, welchen Weg der Prüfungsvorbereitung du wählst. Dieses Buch ist einer davon.

Dieses Buch und seine Aktualität und Weiterentwicklung lebt von der Kommunikation mit euch. Deswegen freuen wir uns auf eure Anregungen, Anmerkungen und Verbesserungsvorschläge. Schreibt uns jederzeit gerne eine E-Mail oder ruft uns an:

Roman Simschek: rsimschek@agile-heroes.de
Fabian Kaiser: fkaiser@agile-heroes.de

Wir sind telefonisch erreichbar unter 069 - 9999 15911. Oder du kommst uns einfach in unserem Büro in Frankfurt direkt am Hauptbahnhof besuchen. Immer freitags machen wir mit ausgewählten Kunden ein Mittagslunch. Wenn du Lust hierauf hast, schreibe uns gerne eine E-Mail. Wir freuen uns darauf, dich kennenzulernen.

Nun wünschen wir euch viel Spaß beim Lesen dieses Buchs und natürlich letztlich auch viel Erfolg bei der SCRUM-Prüfung.

Eure
Roman Simschek    Fabian Kaiser

Frankfurt a.M., April 2021

**Video anschauen: Vorwort**
In diesem Video gibt Scrum-Experte Lars Rayher eine Einführung und einen Überblick über den Aufbau und die Struktur des Buchs. *https://www.agile-heroes.de/ buch/scrum*

# Inhaltsübersicht

# Inhalt

# Abbildungsverzeichnis

# 1 Warum ist SCRUM so erfolgreich?

Mehr als 90 Prozent aller Projekte, die agil gemanagt werden, nutzen SCRUM. Agilität ist im Trend – und SCRUM ist es umso mehr. Weltweit nutzen mehr als 12 Millionen Menschen SCRUM als Methode im Projektmanagement. Was für eine beeindruckende Zahl. Man kann heute sagen: Agilität bedeutet SCRUM. Letztlich ist SCRUM nicht neu, auch wenn es in den letzten Jahren sicherlich seinen Höhepunkt erreicht hat. Mehr als 20 Jahre gibt es nun bereits SCRUM. Was also macht SCRUM so erfolgreich? Was ist das Geheimnis hinter dem Erfolg von SCRUM? Die folgenden Gründe spiegeln unsere Meinung als Autoren und Fans von SCRUM wider:

**SCRUM ist einfach …**

SCRUM besteht aus nur sehr wenigen Regeln und ist somit sehr einfach. Konkret besteht es aus nur drei Accountabilities, fünf Events und drei Artefakten. Diese Einfachheit ist aus unserer Sicht der Hauptfaktor für den Erfolg von SCRUM. Denn oft wird versucht, die Komplexität unserer Zeit und unserer Umwelt durch entsprechend komplexe Ansätze und Methoden zu managen.

*Doch genau das funktioniert aus unserer Sicht nicht. Zu oft haben wir in der Praxis feststellen müssen, dass dies nicht funktioniert. Hohe Komplexität kann deswegen nur mit einfachen Methoden und Ansätzen entgegnet und gemanagt werden.*

Und SCRUM ist einfach … sehr einfach. Dies zeigt sich auch darin, dass die von Jeff Sutherland und Ken Schwaber veröffentlichte SCRUM-Bibel, der SCRUM-Guide, alles was SCRUM als Framework ausmacht, auf lediglich 13 Seiten (beziehungsweise 15 Seiten in der deutschen Version) beschreibt. Mehr hierzu findest du auch auf SCRUM.org oder in Abschnitt 2.6.

**SCRUM ist agil ...**

Und agil bedeutet SCRUM. Keine andere Methodik, kein anderer Ansatz, keine andere Technik hat sich im Rahmen von Agilen Projekten so erfolgreich durchgesetzt wie SCRUM. Wie schon beschrieben, setzen 90 Prozent aller agil gemanagten Projekte SCRUM ein. Von Marktführerschaft zu sprechen wäre hier schon untertrieben. Zumal man davon ausgehen kann, dass die 10 Prozent, die von sich behaupten, dass sie nicht SCRUM einsetzen, zumindest teilweise SCRUM verwenden. So hat sich beispielsweise ein Daily Stand up in so gut wie allen agilen Projekten als Standard durchgesetzt.

**SCRUM ist hierarchielos ...**

SCRUM gibt einen großen Teil der „Macht" zum Managen und Organisieren an das Team zurück. Einen Projektmanager im klassischen Sinne gibt es nicht mehr. Die Annahme, die hierbei zugrunde liegt, ist, dass die Teams selbst ausreichende Motivation und genug Wissen haben, um sich selbst zu organisieren, und selbst am besten wissen, wie sie ein vorgegebenes Ziel erreichen. Und das ganz ohne detaillierten Projektplan und ganz ohne jemanden, der ihnen sagt, wann sie was genau zu tun haben. Es gibt in einem SCRUM-Projektteam kein Hierarchiegefälle, sondern lediglich klar definierte Accountabilities. Jeder respektiert jeden als gleichwertig und kennt seine Rolle ganz genau. So funktioniert SCRUM.

**SCRUM ist pragmatisch ...**

SCRUM kommt mit so wenig Administration wie möglich aus. Denkt man daran, wie viel Energie bei nach der klassischen Wasserfall-Methode gemanagten Projekten in Projektplanung, Budgetmanagement und Statusreports anstatt in das eigentliche Management des Projekts geht, wird schnell klar, warum SCRUM so erfolgreich ist. All dieser Aufwand entfällt bei SCRUM nahezu gänzlich. SCRUM ist einfach pragmatischer und effizienter als andere Methoden. Kommunikation findet nicht mehr in Form von langen E-Mails, E-Mail-Ketten und Powerpoint-Präsentationen statt, sondern direkt von Angesicht zu Angesicht, ohne Medienbrüche, von Mensch zu Mensch. Probleme werden nicht über Ampeln kommuniziert, sondern direkt mit dem Betroffenen besprochen. SCRUM ist also sehr effizient und verzichtet auf fast alles, was nicht direkt mit dem Projektziel beziehungsweise dem Endprodukt zu tun hat, auf ein Minimum. Und was effizient ist, setzt sich in Zeiten knapper Budgets und immer schneller zu liefernder Ergebnisse einfach durch.

**SCRUM funktioniert …**

Oft beschreiben die Väter von SCRUM, Jeff Sutherland und Ken Schwaber, SCRUM mit sehr plakativen Aussagen wie beispielsweise „Wie Sie mit SCRUM in der Hälfte der Zeit doppelt so viel erreichen können". Diese Aussagen sind sicherlich etwas überspitzt. Dennoch kann man neidlos eingestehen, dass die Methodik von SCRUM aufgrund der bereits oben beschriebenen Merkmale sehr effektiv und effizient ist – und deswegen einfach funktioniert. Andernfalls wäre es nicht möglich, dass SCRUM so erfolgreich ist und seit über 20 Jahren weltweit immer größere Verbreitung findet. Dass SCRUM funktioniert, zeigt sich auch daran, dass es relativ wenige Veröffentlichungen zu Kritik und Problemen beim Einsatz von SCRUM gibt. Oft ist es so, dass, wenn eine Methode sehr erfolgreich wird – und damit verbunden natürlich „alte" Methoden verdrängt – sich sehr schnell Kritiker finden, die sich in ihrem angestammten Terrain angegriffen fühlen. Sie würden mit umfangreichen Artikeln, Studien oder Veröffentlichungen reagieren, die die neue Bedrohung dann klein reden oder deren Nachteile hervorheben. Dies ist bei SCRUM kaum beziehungsweise nicht der Fall.

*Letztlich ist SCRUM sicherlich nicht für alle Arten von Projekten gleich gut geeignet. Dennoch ist SCRUM zwischenzeitlich beim agilen Projektmanagement zu einer Art von DNA geworden, ohne die Agilität nicht mehr existieren würde. Insofern wünschen wir dir viel Spaß und Erfolg beim Lesen der nächsten Seiten und der Anwendung von SCRUM.*

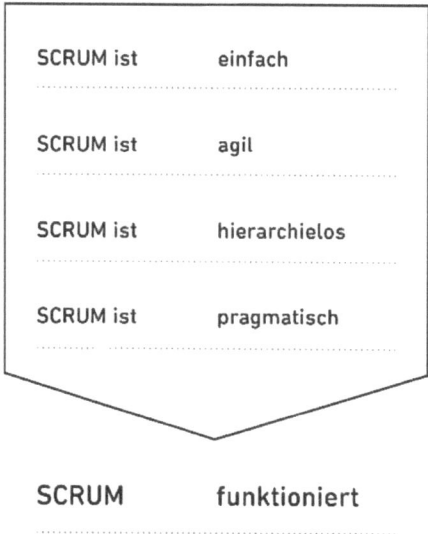

Abb. 1: Was macht SCRUM so erfolgreich?

In diesem Abschnitt gehen wir darauf ein, woher SCRUM kommt. Wer der Vater oder wer die Väter des Denkmodells von SCRUM sind – und wieso sich SCRUM so stark, insbesondere gegenüber klassischen Methoden des Projektmanagements, durchgesetzt hat.

## 1.1   Wasserfall versus Agile

Wenn man von Agilem Projektmanagement spricht, kommt man selten daran vorbei, dass Sätze fallen wie „Die Wasserfall-Methode ist doch veraltet" oder „Wie … ihr managt immer noch nach der Wasserfall-Methode?".

Wir wollen an dieser Stelle kurz die Unterschiede zwischen den beiden Methoden darstellen und auf ihre jeweiligen Vor- und Nachteile eingehen. Aus unserer Sicht ist es, wenn man sich mit SCRUM beschäftigt, wichtig zu wissen, welche anderen grundsätzlichen Prinzipien und Methoden des Projektmanagements es gibt. So kann man besser verstehen, was der Kern oder auch was das „Revolutionäre" an SCRUM ist. Wichtig ist uns hierbei, keine vergleichende Bewertung der beiden Modelle Wasserfall-Methode und SCRUM vorzunehmen. Aus unserer Sicht haben beide Modelle ihre Daseinsberechtigung. Jedes der beiden Modelle hat seine spezifischen Charakteristika und Einsatzbereiche. Oft ist es so, dass Anhänger von SCRUM die Wasserfall-Methode als „alt" beziehungsweise „überholt" betrachten. Dieser Meinung wollen wir uns nicht anschließen. Es handelt sich einfach um sehr unterschiedliche Ansätze, die jeweils ihre spezifischen Vor- und Nachteile haben.

Was also ist der Unterschied zwischen der klassischen Methodik des Projektmanagements und SCRUM?

## Klassisches Projektmanagement nach der Wasserfall-Methode

Das Projektmanagement nach der Wasserfall-Methode erfolgt in mehreren Phasen. Dies bedeutet, dass ein Projekt in mehrere, sich von den jeweiligen Aufgaben unterscheidenden Phasen unterteilt wird. Hierbei folgt jede Phase auf eine andere, sprich eine Phase beginnt erst dann, wenn die vorherige Phase abgeschlossen ist. Die Planung und inhaltliche Ausgestaltung dieser Phasen erfolgt bereits zu Beginn des Projektes. Phasen werden erst dann gestartet, wenn die vorherige Phase abgenommen und dann abgeschlossen wurde.

Ein weiteres Charakteristikum ist, dass die geplanten Phasen, so wie sie geplant wurden, auch sehr starr durchgeführt werden. Dies bedeutet auf der einen Seite eine relativ hohe Planungssicherheit, auf der anderen Seite hingegen auch eine gewisse mangelnde Flexibilität. Gerade bei sehr großen, komplexen und umfangreichen

Projekten ist es notwendig, diese Planungssicherheit zu haben und entsprechend auch nach der Wasserfall-Methode vorzugehen. Dies ist darin begründet, dass das Projekt einerseits eventuell international über mehrere Länder verteilt ist, und auch verschiedenste fachliche Bereiche im Projekt berücksichtigt werden. Ein wesentlicher Nachteil der Wasserfall-Methode ist, dass sich Fehler in der Umsetzung im Rahmen des Projektes erst sehr spät in der Projektlaufzeit zeigen. Hier kann es dann durchaus sein, dass im Rahmen der abgelaufenen Projektlaufzeit bereits Budget und Ressourcen investiert wurden, die, wie sich später herausstellt, nicht wirklich zielführend waren. Dieser Kritikpunkt ist auch einer der wesentlichen Treiber, der zu der Entwicklung Agiler Methoden im Projektmanagement geführt hat.

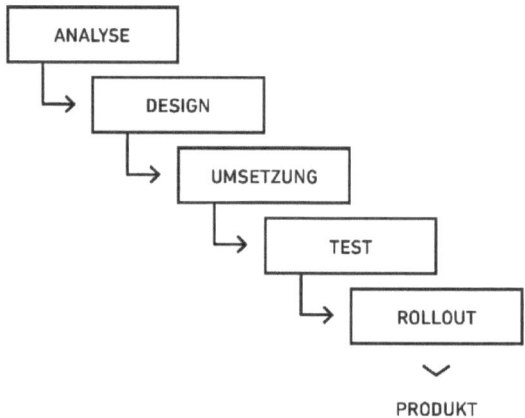

Abb. 2: Klassisches Projektmanagement

Im Kern kann man sagen, dass im klassischen Projektmanagement sehr viel Wert auf Struktur, jedoch weniger Wert auf Flexibilität gelegt wird. Gerade in hierarchischen Unternehmensstrukturen ist es deshalb weiterhin sehr angesagt, Projekte nach klassischen Projektmanagementmethoden zu managen. Agile Methoden wie SCRUM legen hingegen weniger Wert auf Struktur und setzen mehr auf Flexibilität. Abbildung 2 zeigt beispielhaft einen Phasenplan eines nach der klassischen Methode strukturierten und geplanten Projekts.

## Agiles Projektmanagement mit SCRUM

Agiles Projektmanagement setzt im Wesentlichen auf kurze und regelmäßige Entwicklungszyklen. So kann auf Veränderungen, insbesondere auch bezüglich der Anforderungen, die der Kunde an das Endprodukt stellt, schnell reagiert werden. Zudem kann schnell und kurzfristig angepasst werden. Hierdurch kann auch Marktfeedback schnell umgesetzt werden. Diese einzelnen Entwicklungszyklen nennt man bei SCRUM einen Sprint. Letztlich erfolgt die Umsetzung der gesamten Produktentwicklung eines Produkts in mehreren Sprints.

Die wesentliche Vorgabe für den Sprint ist seine Dauer und ein Anforderungskatalog, welcher im SCRUM Product Backlog, beziehungsweise bezogen auf den Sprint dann Sprint Backlog genannt wird. Zudem ist eine fortlaufende und regelmäßige informelle Kommunikation innerhalb eines Sprints vorherrschend. Es geht nicht darum, vorgegebene Reporting-Templates und Statusberichte auszufüllen, sondern in einer persönlichen, direkten, interaktiven und regelmäßigen Kommunikation auf Probleme, Hindernisse oder Herausforderungen zu reagieren. Der Fokus liegt also mehr darauf, schnell zu reagieren als zu dokumentieren. Agilität beziehungsweise der Einsatz von SCRUM bedeutet demnach, weniger Wert auf Strukturen zu legen, sondern mehr Flexibilität in einem Projekt zuzulassen. Dabei liegt die Annahme zu Grunde, dass das Projektteam in einem Maße befähigt und motiviert ist, dass es mit dieser Flexibilität sehr gut umgehen kann und trotz Flexibilität des Projektziel beziehungsweise das Ziel eines Sprints nicht aus den Augen verliert. Agiles Projektmanagement ist wenig hierarchisch und setzt darauf, dass Teams sich selbst organisieren und selbst am besten wissen, wie die vorgegebenen Projektziele erreicht werden. Abbildung 3 zeigt den typischen Aufbau eines Agilen Projektes. Am Ende eines jeden Sprints erfolgt immer die Auslieferung einer neuen Version des Produkts oder der Dienstleistung. Dies nennt man in Scrum das Increment.

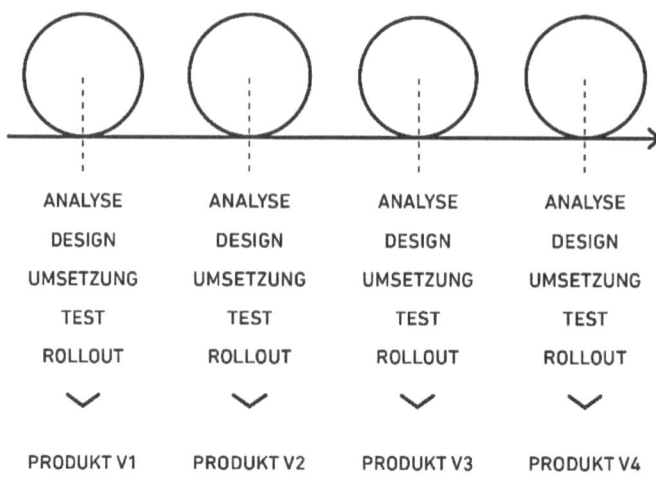

Abb. 3: Agiles Projektmanagement

## Hybrides Projektmanagement

Gibt es auch Zwischenformen zwischen Klassischem Projektmanagement und Agilem Projektmanagement? Die Antwort ist ein klares Ja: man nennt dies Hybrides Projektmanagement. Beim Hybriden Projektmanagement geht man davon aus, dass sowohl im Agilen Ansatz des Projektmanagements als auch im klassischen Modell (Wasserfall-Methode) Aspekte vorhanden sind, die das Managen eines Projektes erfolgreich machen. Insofern bedient man sich beim Hybriden Projektmanagement mit Elementen aus beiden Methoden. Quasi das Beste aus beiden Welten.

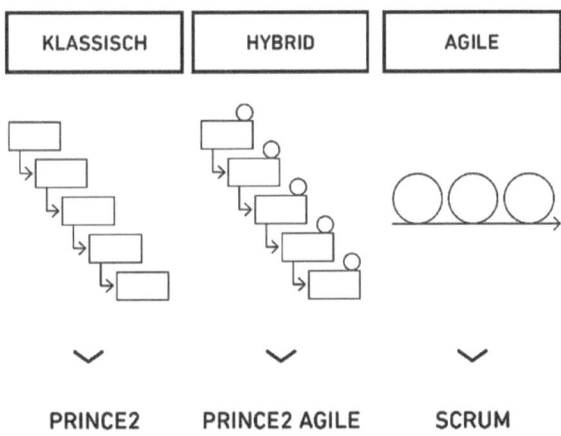

Abb. 4: Hybrides Projektmanagement

*So ist in der Praxis insbesondere zu beobachten, dass in klassisch, also nach der Wasserfall-Methode gemanagten Projekten, agile Elemente insbesondere aus SCRUM integriert werden.*

Ein typisch agiles Element, das gerne in diesen Projekten umgesetzt wird, ist das Daily Stand up. In SCRUM wird dieses Event dann Daily SCRUM genannt. Seltener ist es der Fall, dass in agilen Projekten Elemente aus dem Klassischen Projektmanagement eingesetzt werden. Dies kommt daher, dass einer der Grundsätze von SCRUM – als wichtigste und am weitesten verbreitete Methode des Agilen Projektmanagements – ist, dass „SCRUM nur SCRUM ist, wenn es SCRUM ist".

Was wollen wir hiermit sagen? In der Bibel zu SCRUM, dem SCRUM-Guide, beschreiben die beiden Väter von SCRUM, Jeff Sutherland und Ken Schwaber, dass SCRUM nur dann sein maximal erfolgreiches Potenzial ausschöpft, wenn seine Elemente und Komponenten (wie beschrieben im SCRUM Framework, mehr hierzu in Abschnitt 2.5) unverändert und in Gänze zum Einsatz kommen. Jede Veränderung, Ergänzung oder jedes Weglassen der Komponenten von SCRUM wäre somit nicht mehr SCRUM.

Halten wir also fest: hybrides Projektmanagement ist eine Mischform aus klassischen und agilem Projektmanagement. Es ist somit der Versuch, das Beste aus beiden Welten in einer Methode zu vereinen. Wir sehen, dass dies sehr oft in der Praxis angewandt wird. Oft auch mit Erfolg. Wie man beide Ansätze kombiniert, hängt dabei von der Art des Projekts, aber auch von seiner Projektphase ab. Die Abbildung 4 zeigt die Zusammenhänge von klassischen Projektmanagement und Agilem Projektmanagement.

**Übungsfragen zum Kapitel: „Warum ist SCRUM so erfolgreich?"**

Hinweis: Diese Übungsfragen sollen dir dabei helfen, die Inhalte dieses Buchs zu reflektieren. Die Lösungen findest du in Abschnitt 5.5. Den ausführlichen Prüfungsfragenkatalog mit allen möglichen Prüfungsfragen findest du in unserem Onlinekurs unter www.agile-heroes.de.

[1]  SCRUM ist eine Methode des …

☐  Klassischen Projektmanagements

☐  Hybriden Projektmanagements

☐  Agilen Projektmanagements

☐  Wasserfall-Projektmanagements

[2] Der Fokus im Klassischen Projektmanagement liegt auf:

☐  Flexibilität und Anpassung

☐  Kundenbedürfnisse frühzeitig erkennen

☐ Planung und Struktur

☐ regelmäßige und kurzfristige Reaktion auf Veränderungen

[3]  Der Fokus des Agilen Projektmanagement ist:

☐ Planung nach Projektphasen

☐ hierarchische Projektstruktur

☐ Flexibilität und Eigenorganisation

☐ Planung und Struktur

[4]  Die Wasserfall-Methode ist charakterisiert durch:

☐ Ablauf in aufeinanderfolgenden Phasen

☐ hierarchische Projektstrukturen

☐ Fokussierung auf Planung und Strukturen

☐ regelmäßige Entwicklungszyklen

[5]  Agiles Projektmanagement ist charakterisiert durch:

☐ kurze und regelmäßige Entwicklungszyklen

☐ schnelle Reaktion auf Marktveränderungen

☐ direkte und informelle Kommunikation im Team

☐ Fokus auf Flexibilität und Eigenorganisation

[6]  Hybrides Projektmanagement ist eine Mischform aus

☐ Wasserfall-Methode und dem klassischen Projektmanagement

☐ Agilem Projektmanagement und SCRUM

☐ Agilem Projektmanagement und klassischem Projektmanagement

☐ keiner der aufgeführten Möglichkeiten

[7]  Gemäß den Vätern von SCRUM sollte…

☐ SCRUM durch andere Methoden ergänzt werden

☐ SCRUM mit klassischen Methoden gemischt werden

☐ SCRUM nur in seiner reinen Form angewendet werden

☐ SCRUM nicht durch Weglassen oder Ergänzen verfälscht werden

[8]  SCRUM ist …

☐ die einzige aus heutiger Sicht erfolgreiche Methode des Projektmanagements

☐ unbedingt jeder anderen Form des Projektmanagements vorzuziehen

☐ nicht die einzige erfolgreiche Methode des Projektmanagements

☐ eine der führenden Methoden des agilen Projektmanagements

[9] Ein guter Projektmanager sollte …

☐ sich auf SCRUM fokussieren, denn es ist die Methode der Zukunft im Projektmanagement.

☐ sollte SCRUM nicht weiterverfolgen, denn es handelt sich nur um einen aktuellen Trend, der nicht weiter von Relevanz sein wird.

☐ sowohl agile als auch klassische Methoden des Projektmanagements beherrschen, um flexibel auf unterschiedliche Rahmenbedingungen zu reagieren.

☐ Keine der Antwortmöglichkeiten.

[10]   SCRUM ist …

☐   bisher nur in Nordamerika verbreitet. Im europäischen Raum findet es kaum Anwendung.

☐   bei mehr als 90% aller agilen Projekten weltweit im Einsatz.

☐   notwendig, um Projekte in Phasen zu strukturieren und zu planen.

☐   Keine der Antwortmöglichkeiten ist richtig.

# 2  Was ist SCRUM?

Jetzt habt ihr bereits mehrere Seiten zu SCRUM gelesen, die sich mit dem Erfolg von SCRUM beschäftigt haben. Und dennoch ist eine Frage immer noch offen: Was ist SCRUM? Eine Methode, ein Tool, eine Technik, ein Prozess? Keines von allem. Fangen wir damit an, woher der Begriff SCRUM kommt …

## 2.1  Der Begriff SCRUM

Der Begriff SCRUM lässt sich auf die beiden japanischen Wirtschaftswissenschaftler Nonaka und Takeuchi zurückführen. Sie schreiben in ihrem im Jahr 1986 erschienenen Artikel „The New Product Development Game" über den von ihnen so genannten "Rugby-Approach". Dieser bedient sich einer Analogie aus dem Rugby. Sie gehen davon aus, dass einer der außergewöhnlichsten Erfolgsfaktoren von sehr erfolgreichen Produktentwicklungsteams die räumliche Nähe des Teams während der Entwicklungsarbeit ist. So wie bei dem aus dem Rugby stammende Gedränge, welches SCRUM genannt wird und bei dem viele Spieler eng zusammenstehen. Denn auch diese Teams arbeiten als kleine und selbst gemanagte Einheiten. Sie bekommen von außen nur eine grobe Richtung vorgegeben. Es bleibt in der Umsetzung jedoch ihnen überlassen, wie sie ihr gemeinsames Ziel erreichen. Und diese Art der Zusammenarbeit soll auch Projekte erfolgreich machen.

Dieser Rugby-Approach wurde dann mehr als zehn Jahre später von den Vätern von SCRUM, Jeff Sutherland und Ken Schwaber, zu einem Framework für Softwareentwicklungsprojekte weiterentwickelt: Und dieses Framework nannten sie mit einem entsprechenden Verweis auf den Artikel von Nonaka und Takeuchi: SCRUM.

Da die Anfänge von SCRUM schon mehr als 20 Jahre zurückliegen und SCRUM immer erfolgreicher geworden ist, haben sich immer mehr SCRUM-Varianten entwickelt.

Dies liegt daran, dass viele Autoren, Berater und Experten von dem immer weiter-wachsenden SCRUM-Kuchen ihren wirtschaftlichen Anteil abhaben wollten. So wurde der Kern dessen, was SCRUM ausmacht, immer stärker verfälscht.

Dieses Problem haben auch die beiden Väter von SCRUM, Jeff Sutherland und Ken Schwaber, erkannt und aus diesem Grunde im Jahr 2010 den SCRUM-Guide veröffent-licht. Dieser wurde letztmalig in Jahr 2020 überarbeitet. Er fasst den Kern und das Grundverständnis von SCRUM nach Sutherland und Schwaber zusammen.

Abb. 5: SCRUM-Guide

Wir empfehlen jedem, der sich auf die SCRUM-Prüfung und -Zertifizierung vorberei-tet, den SCRUM-Guide durchzulesen. Der SCRUM-Guide ist zwischenzeitlich nicht nur in englischer Sprache erhältlich, sondern auch in mehreren anderen, so auch auf Deutsch. Da die Prüfung in englischer Sprache stattfindet, empfehlen wir, den SCRUM-Guide in englischer Sprache für die Prüfungsvorbereitung durchzulesen. Aus unserer Sicht ist der SCRUM-Guide die Bibel des Agilen Projektmanagements.

Letztlich ist SCRUM also ein Framework für agiles Projektmanagement. SCRUM als Framework setzt sich aus drei Komponenten zusammen:

- SCRUM-Values (Abschnitt 2.3)
- SCRUM-Principles (Agiles Manifest) (Abschnitt 2.4)
- SCRUM-Rules (Kapitel 3)

Die Basis für diese drei Komponenten stellt quasi die SCRUM-Theorie dar, welche sich in den drei Komponenten von SCRUM manifestiert. Diese stellen wir im folgenden Abschnitt dar.

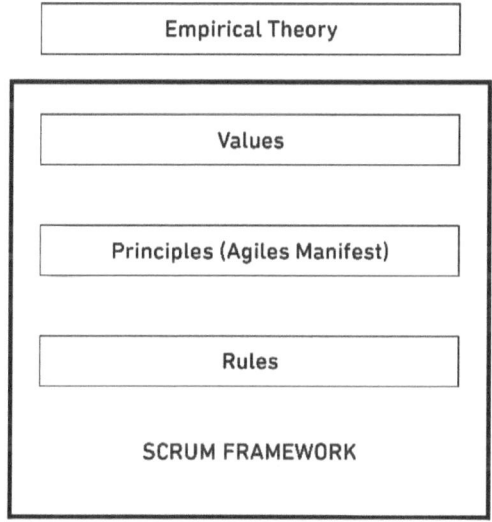

Abb. 6: SCRUM Framework

## 2.2    Die theoretische Basis: Empirische Prozesskontrolle

Die wissenschaftliche Basis von SCRUM ist die Theorie der empirischen „Prozesssteuerung", kurz auch „Empirie" bzw. im Englischen Empirical Theory genannt. Die Empirie besagt, dass Wissen auf Erfahrung basiert. Und dass Entscheidungen auf der Basis von diesem bestehenden Wissen erfolgen. SCRUM stellt durch seinen iterativen und inkrementellen Ansatz sicher, dass in regelmäßigen und kurzen Abständen die Möglichkeit zur Überprüfung und Anpassung besteht.

So wird regelmäßig Erfahrungen in Wissen transferiert. Dieses Wissen wiederum wird dann genutzt, um immer wieder Entscheidungen zu treffen. Je mehr Erfahrung, je mehr Wissen, und umso bessere Entscheidungen können getroffen werden. durch dieses Vorgehen können Risiken minimiert, frühzeitig erkannt und auch gegengesteuert werden. Die SCRUM-Theorie basiert insofern auf drei wesentlichen Säulen:

▪ **Transparency** - Transparenz: Offene Kommunikation und das Teilen von Wissen ist die Grundlage für Transparenz. Zudem sollten das gesamte Vorgehen beziehungsweise der Prozess in einem SCRUM-Projekt für alle Beteiligten transparent sein. Dies umfasst insbesondere auch die verwendeten Begriffe in einem Projekt. Jeder sollte unter den verwendeten Begriffen das gleiche verstehen. Hierzu ein Beispiel: Stell all deinen Projektteammitgliedern die Aufgabe, die Augen zu schließen und an einen Hund zu denken. Danach soll jeder auf ein weißes Blatt Papier diesen Hund malen. Legt man die gezeichneten Hunde nebeneinander, so wird schnell deutlich, dass jeder einen anderen Hund gemalt haben wird. Der eine malt einen kleinen lieben Dackel. Der andere einen bellenden Schäferhund. Der nächste einen Schlittenhund vor einem Hundeschlitten in Sibirien. Wer hat jetzt den richtigen Hund gezeichnet? Alle. Oder keiner? Jeder hat den für ihn richtigen Hund gemalt, eben das, was er unter einem Hund versteht. In einem Projekt ist es jedoch wichtig, dass alle unter „Hund" den einen und gleichen Hund verstehen, der auch gemeint ist beziehungsweise der als Produkt oder Projektergebnis erwartet wird. Insofern ist es wichtig, für alle wesentlichen Begriffe oder Hunde ein einheitliches Verständnis zu haben. Als ein typisches Beispiel in einem Projekt zu nennen ist, dass es ein einheitliches Verständnis von „Done" – also wann etwas erledigt ist – gibt. An welchen genauen Kriterien festzumachen ist, dass etwas erledigt ist. Mehr hierzu unter Abschnitt 2.4.

- **Inspection** - Überprüfung: Inspection bedeutet, dass alle Vorgehensweisen und Arbeitsergebnisse regelmäßig überprüft werden. In einem nach SCRUM gemanagten Projekt bedeutet dies, dass das SCRUM-Team in regelmäßigen Abständen die Artefakte dahingehend überprüft, ob diese und ihre Ausgestaltung geeignet sind, um das jeweilige SCRUM-Sprint-Ziel zu erreichen. Die Überprüfung darf jedoch nicht so oft stattfinden, dass sie die eigentliche Projektarbeit behindert. Sie muss stets effizient bleiben. Die Überprüfungen müssen in einer Weise stattfinden, dass auch sie einen Mehrwert für die Projektarbeit darstellen.

- **Adaption** - Anpassung: Adaption bedeutet das Anpassen an die Rahmenbedingungen, um schneller und besser zu werden und das Ziel effizient zu erreichen. Wenn im Rahmen einer Überprüfung festgestellt wird, dass das Vorgehen oder die Arbeitsergebnisse ein nicht akzeptables Limit überschreitet, müssen Anpassungen vorgenommen werden. Diese Anpassungen müssen möglichst kurzfristig, ohne unnötigen Zeitverzug entschieden werden, um unnötige weitere Abweichungen zu verhindern.

Fassen wir dies also nochmals zusammen: Die Voraussetzung um Wissen auf der Basis von Erfahrungen in einem Projekt aufzubauen ist Transparenz. Transparenz schafft Wissen. Und eine offene Kommunikation ermöglicht es zudem, dieses Wissen im SCRUM-Team zu teilen. Zudem ist es eine wichtige Säule von SCRUM, dass regelmäßig das aktuelle Handeln und Vorgehen hinterfragt beziehungsweise überprüft werden. Maßstab hierbei ist stets, ob die aktuellen Aktivitäten dazu geeignet sind, dieses Ziel zu erreichen. Und letztlich ist es natürlich auch erforderlich, dass, wenn das SCRUM-Team im Rahmen der Überprüfung Abweichungen feststellt, das gewählte

Vorgehen so angepasst wird und entsprechende Entscheidungen getroffen werden, damit das Ziel auf eine effiziente Weise erreicht wird.

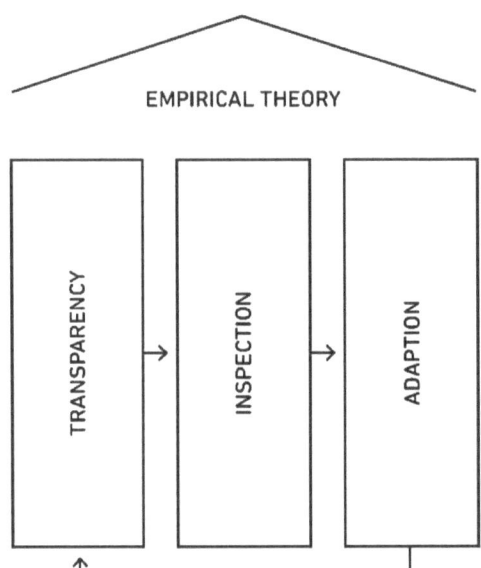

Abb. 7: Theorie des Empirismus

## 2.3   Die fünf Values von SCRUM

Ken Schwaber, einer der beiden Väter von SCRUM, hat zusammen mit Mike Beedle fünf Values als Fundament für SCRUM entwickelt.

*Wenn ein SCRUM-Team diese fünf Values verinnerlicht und umsetzt, ist SCRUM in der Praxis auch erfolgreich.*

Denn die fünf Values sorgen dafür, dass die drei Säulen von SCRUM gelebt werden. Die fünf Values sind:

- **Courage** - Mut
- **Focus** - Fokussierung
- **Commitment** - Selbstverpflichtung
- **Respect** - Respekt
- **Openness** - Offenheit

Wir beschreiben diese fünf Values im Folgenden kurz – in Anlehnung an den SCRUM-Guide. Viele Autoren haben diese Values näher im Detail beschrieben und konkretisiert. Wir wollen hier jedoch nicht zu viele Vorgaben machen und es dadurch jedem SCRUM-Team selbst überlassen, wie konkret es diese Values für sich definiert, lebt und umsetzt. Diese Vorgehensweise folgt der grundsätzlichen Logik von SCRUM, einfach zu sein, wenige Regeln aufzustellen und die Ausgestaltung im Sinne der Flexibilität dem Projektteam zu überlassen. Grundsätzlich ist es auch so, dass SCRUM zwar klare Regeln aufsetzt. Im Sinne von Überprüfung und Anpassungen können die Regeln jedoch für jedes Projekt im Detail so konkretisiert werden, dass sie auf das jeweilige Projekt und für das jeweilige Projektumfeld passen. Trotz sehr klarer und eindeutiger Regeln bietet SCRUM dennoch Raum zur individuellen Ausgestaltung.

### Courage - Mut

Die Mitglieder des SCRUM-Teams haben den Mut, die richtigen Dinge zu tun und an den Herausforderungen und Problemen im Projekt zu arbeiten.

### Focus - Fokussierung

Jeder fokussiert sich auf die Arbeit des aktuellen Sprints und auf die Ziele des SCRUM-Teams.

### Commitment - Selbstverpflichtung

Jeder verpflichtet sich, persönlich die Ziele des SCRUM-Teams zu unterstützen und zu erreichen.

### Respect - Respekt

Die Mitglieder des SCRUM-Teams respektieren sich und befähigen sich gegenseitig, kompetente und unabhängige Individuen zu sein.

### Openness - Offenheit

Das SCRUM-Team und seine Stakeholder einigen sich darauf, bezogen auf die Arbeit und die mit ihr verbundenen Herausforderungen offen zu sein.

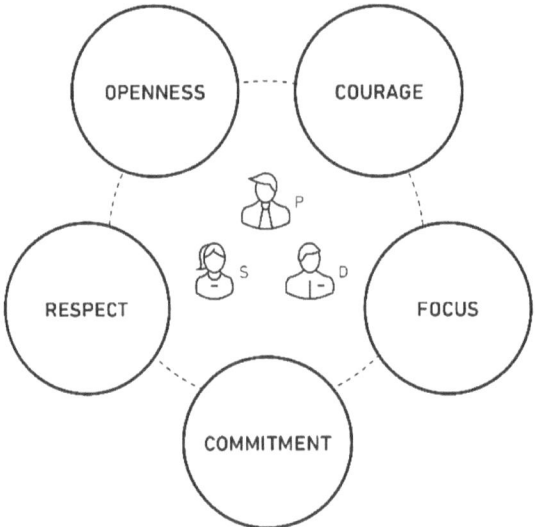

Abb. 8: Die fünf Values von SCRUM

## 2.4    Principles – das Agile Manifest als Basis der SCRUM-Prinzipien

Wer sich mit Agilem Projektmanagement beschäftigt, hat sicherlich schon vom „Agilen Manifest" gehört. Das Agile Manifest ist der gemeinsame Nenner, auf den sich verschiedenste Vertreter von Softwareentwicklungsmethoden im Jahre 2001 geeinigt haben. Insgesamt 17 von ihnen haben hierin ihre gemeinsame Vorstellung bezüglich Agiler Softwareentwicklung zusammengetragen. Zu diesen gehörten auch die SCRUM-Erfinder Jeff Sutherland und Ken Schwaber. Insofern ist in das Agile Manifest auch der Spirit von SCRUM mit eingeflossen. Im Kapitel 8 findest du einen Link zum Agilen Manifest. Das Agile Manifest umfasst insgesamt vier gegenseitig gegenübergestellte Wertepaare und zwölf einzelne Prinzipien.

### Die vier Wertepaare des Agilen Manifests

Die Wertepaare des agilen Manifests stellen jeweils zwei Wertepaare paarweise gegenüber. Letztlich schätzen die Verfasser des Agilen Manifests alle diese Values als wichtig ein. Jedoch werden die Values auf der linken Seite der Grafik (Abbildung 9) also noch wichtiger als die auf der rechten Seite eingeschätzt. Es ist also eine unterschiedliche Gewichtung vorhanden.

**Individuen und Interaktionen über Prozesse und Werkzeuge**

Oft wird in Projekten versucht, Kommunikation oder Fortschritt-Tracking anhand von Tools oder Prozessen zu implementieren. Man versucht also quasi Kommunikation zu organisieren oder auch Prozesse im Projekt zu standardisieren. Mit dem Hintergedanken, dass, wenn alles eindeutig mit Prozessen definiert ist und die richtigen Tools eingesetzt werden, das Projekt erfolgreich sein muss. Die Annahme ist: Der Mensch hat sich also diesen Prozessen und Tools zu „unterwerfen" – und wenn er dies tut, dann macht dies auch das Projekt erfolgreich.

Abb. 9:  Wertepaare des Agilen Manifests

Im Gegensatz hierzu geht man im Rahmen des Agilen Manifests davon aus, dass persönliche Kommunikation und Interaktion zwischen Menschen beziehungsweise Projektteammitgliedern immer einer Lösung zuträglich sind. Es werden demnach weniger ein Tool oder ein Prozess in den Vordergrund gestellt, sondern der Mensch selbst mit seinen ganzen kommunikativen Fähigkeiten und seiner Motivation. Hier geht man davon aus, dass dies ausreicht, um effektiv und erfolgreich in der Projektarbeit zu sein.

### Funktionierende Software über umfassender Dokumentation

Letztlich fasst dieses Wertepaar zusammen, dass es darum geht, ein funktionierendes Produkt beziehungsweise eine funktionierende Software zu entwickeln. Oft wird im

Projekt insbesondere in der Fachkonzeption viel Wert auf Dokumentation gelegt. Es werden sehr viele Dokumente wie beispielsweise Fachkonzepte, Fachspezifikationen etc. produziert, die letztlich nur indirekt benötigt werden oder final auch nicht in das Endprodukt eingehen. Das Agile Manifest stellt mit diesem Wertepaar sicher, dass es letztlich nicht um Zwischenberichte, sondern um das Endprodukt geht. Und nicht um mehr. Alles andere ist zwar schönes Beiwerk, jedoch nicht primäres Projektziel beziehungsweise Hauptendprodukt des Projektes. Insofern wird hierauf so viel wie möglich verzichtet.

**Kooperation mit dem Kunden über Vertragsverhandlungen**

Oft ist es im Rahmen von IT-Projekten so, dass alle Leistungen, die in ein Produkt oder eine Software einfließen müssen, auch vertraglich festgehalten werden. Es geht hierbei auch viel Zeit in die Verhandlung und beispielsweise das nachgelagerte Servicelevel und Servicemanagement. Oft wird gerade bei Dienstleisterbeziehungen mehr darüber diskutiert, welche Leistungen und Produkteigenschaften in einem Vertrag festgehalten werden und welche nicht. Gerade in Projekten der App- und Softwareentwicklung ist so oft viel Zeit in vertragliche und rechtliche Diskussionen geflossen, anstatt einfach weiter am Produkt zu arbeiten beziehungsweise diese Zeit direkt ins Produkt zu investieren.

Das Agile Manifest löst sich von dieser sehr vertraglichen und rechtlichen Sicht auf die Produktentwicklung und der Bereitstellung von Dienstleistungen. Es stellt vielmehr den Kunden in den Mittelpunkt. Das oberste Ziel ist, auf pragmatische Weise Lösungen mit dem Kunden zu erarbeiten. Der Maßstab ist absolute Kundenzufriedenheit. Diese wird als höher und wichtiger angesehen als rechtliche Verträge beziehungsweise Vertragsverhandlungen.

**Reaktion auf Veränderung über Planerfüllung**

Planung ist ein essenzieller Bestandteil des klassischen Projektmanagements. Es wird viel Zeit mit Projektplanung verbracht, und damit die genaue Erfüllung dieser Pläne.

Diese Sicht ist, wenn man die agile „Brille" aufzieht, sehr starr. Im Rahmen von Agilen Projekten steht die kurzfristige Anpassung und Adaption auf sich verändernde Rahmenbedingungen absolut im Vordergrund. Flexibel zu reagieren hat absoluten Vorrang vor Planerfüllung. Deswegen werden insbesondere in SCRUM auch keine detaillierten Projektpläne für die gesamte Projektlaufzeit erstellt. Vielmehr werden jeweils einzelne Etappen beziehungsweise Sprints „auf Sicht" geplant, und es erfolgt immer nach einer Etappe iterativ eine Reflektion des Erreichten. Erst danach wird besprochen, welche Ziele in der nächsten Etappe angegangen werden.

## Die 12 Prinzipien des Agilen Manifests

Die 12 Prinzipien im Agilen Manifest konkretisieren die Botschaften aus den vier Wertepaaren. Die in der Abbildung 10 dargestellten Prinzipien wurden dem Agilen Manifest entnommen und so dargestellt, wie du diese auch im Netz finden kannst. Mehr hierzu in Kapitel 8. Wir wollen die Prinzipien an dieser Stelle unkommentiert lassen. Sie stehen so, wie sie formuliert sind, für sich und bedürfen aus unserer Sicht keiner weiteren Konkretisierung oder Interpretation.

### Kundenzufriedenheit

Unsere höchste Priorität ist es, den Kunden durch frühe und kontinuierliche Auslieferung wertvoller Software zufrieden zu stellen.

### Anforderungsänderungen als Wettbewerbsvorteil

Heiße Anforderungsänderungen selbst spät in der Entwicklung willkommen! Agile Prozesse nutzen Veränderungen zum Wettbewerbsvorteil des Kunden.

### Regelmäßige Auslieferung in kurzen Zeitspannen

Liefere funktionierende Software regelmäßig innerhalb weniger Wochen oder Monate und bevorzuge dabei die kürzere Zeitspanne!

## Tägliche Zusammenarbeit im Projekt

Fachexperten und Entwickler müssen während des Projektes täglich zusammenarbeiten.

## Teams aus motivierten Individuen

Errichte Projekte rund um motivierte Individuen. Gib ihnen das Umfeld und die Unterstützung, die sie benötigen, und vertraue darauf, dass sie die Aufgabe erledigen!

## Kommunikation von Angesicht zu Angesicht

Die effizienteste und effektivste Methode, Informationen an und innerhalb der Developer zu übermitteln, ist im Gespräch von Angesicht zu Angesicht.

## Funktionierende Software

Funktionierende Software ist das wichtigste Fortschrittsmaß.

## Nachhaltigkeit

Agile Prozesse fördern nachhaltige Entwicklung. Die Auftraggeber, Entwickler und Benutzer sollten ein gleichmäßiges Tempo auf unbegrenzte Zeit halten können.

## Technische Exzellenz

Ständiges Augenmerk auf technische Exzellenz und gutes Design fördert Agilität.

## Einfachheit

Einfachheit: die Kunst, die Menge nicht getaner Arbeit zu maximieren, ist essenziell.

## Regelmäßige Reflektion und Anpassung

In regelmäßigen Abständen reflektiert das Team, wie es effektiver werden kann, und passt sein Verhalten entsprechend an.

Abb. 10: Prinzipien des Agilen Manifests
Quelle: Agiles Manifest (Details siehe Kapitel 8)

### Übungsfragen zum Kapitel: Was ist SCRUM? - Grundlagen

Hinweis: Diese Übungsfragen sollen dir dabei helfen, die Inhalte dieses Buchs zu reflektieren. Die Lösungen findest du in Abschnitt 5.5. Den ausführlichen Prüfungsfragenkatalog mit allen möglichen Prüfungsfragen findest du in unserem Onlinekurs unter www.agile-heroes.de.

[11]  Der Begriff SCRUM geht zurück auf …

☐   die Wirtschaftswissenschaftler Nonaka und Takeuchi

☐   eine Spielformation auf dem Rugby

☐  einen Spielmodus aus dem American Football

☐  Keine der Antwortmöglichkeiten ist richtig

[12]  Die Väter von SCRUM sind …

☐  Jeff Schwaber und Ken Sutherland

☐  Ken und Jeff Schwaber

☐  Jeff Sutherland und Ken Schwaber

☐  beide Japaner

[13]  SCRUM steht für eine Spielformation, bei der …

☐  die Spieler im Rugby nahe zusammenkommen

☐  die Spieler im Rugby eine Doppelspirale bilden

☐  der Trainer den Spielern Instruktionen gibt

☐  der Kapitän den Spielern Instruktionen gibt

[14]  Entstanden ist SCRUM als ein …

☐  Tool, um Software zu testen

☐  Framework für Softwareentwicklungsprojekte

☐  Framework für Frameworks

☐  Framework, um Prozesse zu optimieren

[15]  Das SCRUM Framework besteht aus:

☐  Values, Principles und Rules

☐  nur Prinzipien und Regeln

- ☐ nur Tools und Werkzeugen
- ☐ Keine der Antwortmöglichkeiten ist richtig

[16]  Die Theoretische Basis für SCRUM ist die …

- ☐ Wasserfall-Methode
- ☐ Empirische Prozesskontrolle
- ☐ Empire of SCRUM
- ☐ Keine der aufgeführten Möglichkeiten

[17]  Die Empirische Prozesskontrolle besagt, dass …

- ☐ Wissen auf Erfahrung basiert und Entscheidungen auf Basis von Wissen getroffen werden.
- ☐ Transparenz die Voraussetzung für Überprüfung ist.
- ☐ Überprüfung die Voraussetzung für Anpassung ist.
- ☐ Keine der aufgeführten Antwortmöglichkeiten.

[18]  Die Theorie der Empirie basiert auf drei Schritten:

- ☐ Üben, lernen, üben
- ☐ Transparenz, Intransparenz, Entscheidungen
- ☐ Transparenz, Information und Anpassung
- ☐ Transparency, Inspection und Adaption

[19]  Die fünf Values nach SCRUM sind …

- ☐ Mut, Fokus, Glück, Selbstverpflichtung, Respekt

☐ Mut, Fokus, Selbstverpflichtung, Adaption, Offenheit

☐ Courage, Focus, Commitment, Respect, Openness

☐ Keine der Antwortmöglichkeiten ist richtig

[20]  Das Agile Manifest …

☐ wurde von verschiedensten Vertretern von Softwareentwicklungsmethoden gemeinsam entwickelt

☐ besteht aus sich gegenübergestellten Wertepaaren

☐ besteht aus Wertepaaren, von denen eines jeweils als wichtiger als das andere angesehen wird

☐ Keine der Antwortmöglichkeiten ist richtig

[21]  Es gibt vier Themen im SCRUM Framework. Diese sind:

☐ Accountabilities, Artefakte, Events

☐ Product Owner, SCRUM Master, Stakeholder, Developers

☐ Sprint, Sprint Planning, Daily SCRUM, Sprint Review, Sprint-Retrospektive

☐ Keine der Antwortmöglichkeiten ist richtig

[22] Die Komponenten geben Antworten auf die folgenden wichtigen Fragen im Projektmanagement:

☐ Artefakte: Was ist zu tun?

☐ Accountabilities: Wer hat es zu tun?

☐ Event: Wann ist es zu tun?

☐ Regeln: Wie ist es zu tun?

[23]  Der SCRUM-Guide …

☐  ist die Zusammenfassung dessen, was die SCRUM-Väter Jeff Sutherland und Ken Schwaber unter SCRUM verstehen

☐  ist ein von allen Vertretern des Agilen Managements verfasstes Manifest zu den wichtigsten Agilen Regeln im Projektmanagement

☐  wurde erstmalig im Jahr 2010 veröffentlicht

☐  wurde zuletzt im Jahr 2020 aktualisiert

[24]  Der SCRUM-Guide …

☐  ist nur in englischer Sprache verfügbar

☐  ist in mehreren Sprachen auch autorisiert verfügbar

☐  ist ein Glossar der wichtigsten Begriffe von Agilität

☐  Keine der Antwortmöglichkeiten ist richtig

[25] Wichtige Wertepaare gemäß dem Agilen Manifest sind …

☐  funktionierende Software

☐  Individuen und Interaktionen

☐  Kooperation mit dem Kunden

☐  Reaktion auf Veränderung

# 3 Wie funktioniert SCRUM?

Im Folgenden erklären wir, wie SCRUM funktioniert, also welche Methoden und Techniken im Rahmen das SCRUM Frameworks zum Einsatz kommen. Der Kern von SCRUM ist aus unserer Sicht der SCRUM-Prozess. Dieser Begriff stammt nicht von den Vätern von SCRUM, sondern wurde von uns aus didaktischen Gründen definiert. Im Rahmen des SCRUM-Prozesses wird im Wesentlichen dargestellt, welche Events und welche Artefakte wie zusammenspielen und in welchem zeitlichen Verlauf erfolgen. Letztlich zeigt der SCRUM-Prozess, wann welche Events stattfinden und welche Artefakte wann zum Einsatz kommen.

## 3.1 SCRUM Rules

Die SCRUM Rules sind im SCRUM Guide niedergeschrieben. Sie beschreiben, wie die wesentlichen Elemente von SCRUM – Accountabilities, Events und Artefacts – zusammenspielen. Sie liefern also beispielsweise die Antwort darauf, wann welches Event stattfindet, welche Accountabilities in welchem Event anwesend sind, welche Aufgaben sie hierbei haben – oder auch welche Accountabilities für welches Artefakt zuständig sind. Die Details der Regeln werden im weiteren Verlauf dieses Buchs ausführlich erklärt.

Abb. 11: Themen des SCRUM Framework

- **Accountabilities:** Accountabilities regeln die Aufgaben jedes einzelnen Teammitglieds, je nachdem, zu welcher Accountability es gemäß SCRUM gehört. Jede Accountability hat konkrete Aufgaben, Rechte und Pflichten.

- **Artefakte:** Dies sind bestimmte Tools und Techniken, die die Anwendung von SCRUM erfolgreich machen und notwendig sind, den Projektablauf effizient zu gestalten.

- **Events:** Sie regeln Form, Frequenz und Inhalte der Kommunikation zwischen den Accountabilities und den Mitgliedern im Projekt.

- **Rules:** Regeln bestimmen das Zusammenspiel und die Wechselwirkungen der Accountabilities, Artefakte und Events.

Dieses SCRUM-Rahmenwerk beziehungsweise SCRUM Framework ist in dieser Form auch im von Jeff Sutherland und Ken Schwaber veröffentlichten SCRUM-Guide so beschrieben. Alle weiteren Komponenten und Elemente, die über diese hier genannten Komponenten hinausgehen, wurden von anderen Autoren und von Praktikern im Laufe der Jahre zu SCRUM ergänzt. Es ist absolut nicht zu empfehlen, dass SCRUM durch die Ergänzung anderer Elemente verfälscht wird, zumindest wenn man ein Projekt rein agil managen will. Elemente aus SCRUM in das klassische Projektmanagement zu übernehmen kann aus unserer praktischen Sicht durchaus Sinn machen.

Die einzelnen Accountabilities gemäß SCRUM stehen während des gesamten SCRUM-Prozesses in Interaktion. Um einen Gesamtüberblick von Artefakten und Events der jeweils zum jeweiligen Zeitpunkt eingebundenen Accountabilities zu bekommen, haben wir den SCRUM Framework-Überblick erstellt. Diesen findest du in Abschnitt 3.5. Er umfasst einen Gesamtüberblick über das Zusammenspiel dieser drei Elemente und geht insbesondere darauf ein, wie die Accountabilities im Rahmen des Prozesses jeweils aktiv werden. Diese Übersicht eignet sich auch optimal für die Prüfungsvorbereitung.

## 3.2    SCRUM-Prozess

Der SCRUM-Prozess beginnt, wenn ein oder einige Stakeholder ein Produkt benötigen. Was die Stakeholder von SCRUM-Team unterscheidet, ist in Abschnitt 3.5 nachzulesen. Die Anforderungen an das Produkt werden dann in einem so genannten Product Backlog gesammelt. Das Product Backlog ist also die Zusammenfassung aller Produkteigenschaften, die das finale Produkt umfassen sollte.

Nachdem das Product Backlog vollständig ist, beginnt man mit dem Sprint Planning. Hier wird geplant, welche Produktfeatures im kommenden Sprint umgesetzt werden sollen. Diese Teilmenge der Produkteigenschaften wird dann in ein Sprint Backlog überführt. Das Sprint Backlog umfasst somit alle Produkteigenschaften die im kommenden Sprint umgesetzt werden sollen. Diese sind das Sprint-Ziel.

Danach beginnt die Entwicklungsarbeit, auch häufig als Sprint bezeichnet. Der Sprint ist die Klammer um alle Events, fängt also mit dem Sprint Planning an, die eigentliche Phase der Produktentwicklung findet nach Abschluss des Sprint Plannings statt. Im Rahmen der Produktentwicklung erfolgt dann ein täglicher Austausch des SCRUM-Teams im Rahmen des Daily SCRUM. Nach Abschluss des Sprints sollten als Ergebnis neue Produkteigenschaften für das Produktinkrement hervorgebracht werden. Ein Produktinkrement ist hierbei ein fertiger Teil des Gesamtproduktes. Nach dem Sprint besteht die Möglichkeit des Überprüfens und Anpassens in Form eines Sprint-Reviews. Hierbei wird das Produkt, das entwickelt wird, überprüft und gegebenenfalls angepasst. So besteht einerseits die Möglichkeit für alle, die nicht selbst am Entwicklungsprozess beteiligt waren, Informationen über den aktuellen Entwicklungsstand zu erhalten, wie beispielsweise die Stakeholder. Alle diejenigen, die an der Entwicklung direkt beteiligt waren, erhalten so das Feedback, inwiefern sie sich mit der Arbeit im letzten Sprint bezogen auf die Eigenschaften des gesamten Produkts angenähert haben.

Die folgende Übersicht bringt die im Rahmen des SCRUM Prozesses beschriebenen Artefakte (A) und Events (E) in eine zeitliche Reihenfolge:

- Product Backlog (A)
- Sprint Planning (E)
- Sprint Backlog (A)
- Sprint (E)
- Daily SCRUM (E)
- Sprint Review (E)
- Inkrement (A)
- Sprint Retrospektive (E)

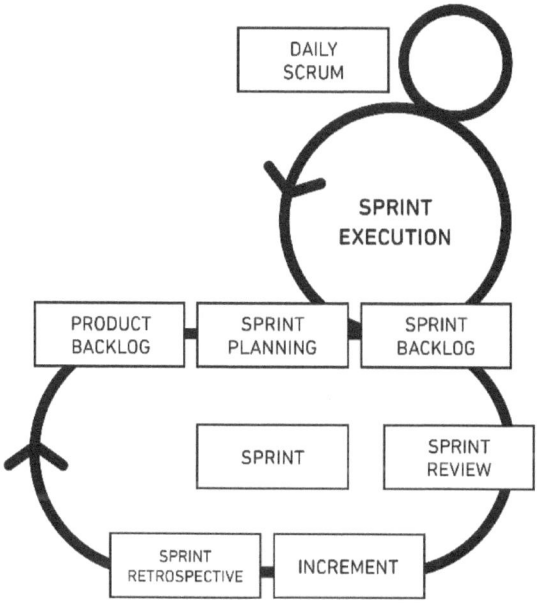

Abb. 12: SCRUM-Prozess

## Sprint

SCRUM zeichnet sich durch sein iteratives beziehungsweise zyklisches Vorgehen aus. Die Umsetzung und Entwicklung der einzelnen Elemente des Gesamtproduktes – oder wie man im SCRUM sagt: Inkrement – erfolgt jeweils im Rahmen eines Sprints. Ein Sprint ist demnach eine Iteration. Innerhalb eines Sprints arbeiten die Developers daran, eine bestimmte Anzahl von Eigenschaften des Produkts abzuarbeiten und umzusetzen. Der Sprint ist somit das Herz von SCRUM. Was genau ein Sprint ist und wie ein Sprint funktioniert, werden wir im Abschnitt 3.3 beschreiben.

## Exkurs: Releases

Stakeholder haben oft einen anderen Anspruch an die über den Entwicklungsfortschritt zur Verfügung gestellten Informationen als das Projektteam. Stakeholder haben eher einen aggregierten gesamthaften Blick auf das Produkt. Im Rahmen der Information an die Stakeholder ist es deshalb notwendig, eine andere Granularität zu verwenden, als sie in Sprints vorzufinden sind. Stakeholder haben meist weniger ein Interesse an den einzelnen Sprint-Zielen beziehungsweise einzelnen Einträgen im Product Backlog, die in einem Sprint umgesetzt werden. Sie haben mehr ein Interesse an gesamten Funktionen und Funktionsgruppen. Insofern ist es notwendig, in der Kommunikation gegenüber Stakeholdern die einzelnen Sprints zu mehreren Releases zusammenzufassen. Abbildung 13 zeigt, wie diese aussehen kann.

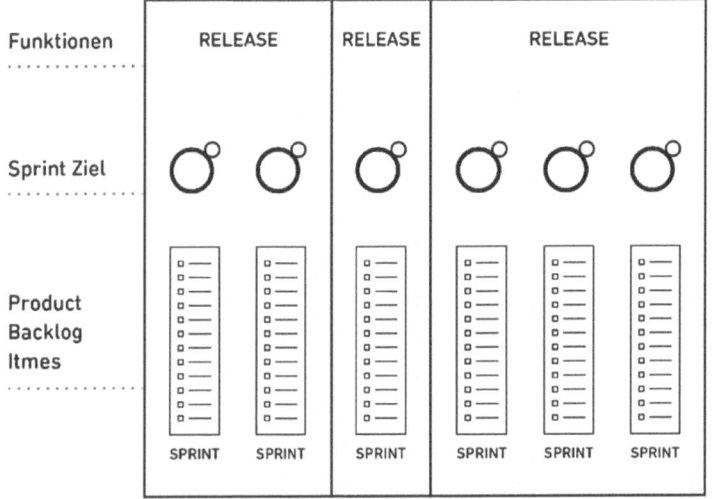

Abb. 13:  Sprints und Releases

Diese Releases sollten dann nach Funktionen oder Funktionsgruppen strukturiert werden. Diese wiederum sollten auf einer Zeitachse dargestellt werden, so dass die Stakeholder nachvollziehen können, welche Features mit welchem zeitlichen Horizont umgesetzt werden.

*Diese Sicht der Releases ist so nicht in SCRUM selbst definiert, jedoch eine gängige gelebte Praxis in Projekten.*

**Übungsfragen zum Kapitel: „Wie funktioniert SCRUM? – SCRUM Prozess"**

Hinweis: Diese Übungsfragen sollen dir dabei helfen, die Inhalte dieses Buchs zu reflektieren. Die Lösungen findest du in Abschnitt 5.5. Den ausführlichen Prüfungsfragenkatalog mit allen möglichen Prüfungsfragen findest du in unserem Onlinekurs unter www.agile-heroes.de.

[26]   Der SCRUM Prozess beschreibt …

☐  die Accountabilities, die in SCRUM relevant sind.

☐  welche Tools im Sprint Planning verwendet werden.

☐  das Zusammenspiel von Events und Artefakten.

☐  Keine der Antwortmöglichkeiten ist richtig.

[27]   Der SCRUM Prozess beginnt …

☐  wenn das Daily SCRUM beendet wurde.

☐  immer mit jedem Kalenderjahr.

☐  mit einer Vision des Produkts.

☐  möglichst an einem Montag.

[28]   Elemente des SCRUM-Prozesses sind:

☐   Artefakte, Accountabilities und Events.

☐   nur Sprint Planning und Sprint Review.

☐   nur Artefakte und Events.

☐   die beiden Accountabilities: Product Owner und SCRUM Master.

[29]   Die Events und Artefakte des SCRUM-Prozesses …

☐   dienen dazu, fortlaufend Transparenz zu schaffen, um zu überprüfen und anzupassen.

☐   sind alle in der Verantwortung des Product Owners.

☐   werden alle vom SCRUM Master gepflegt und organisiert.

☐   Keine der Antwortmöglichkeiten ist richtig.

[30]   Als ersten Schritt im SCRUM-Prozess …

☐   nimmt der Product Owner die Anforderungen der Stakeholder auf und erstellt das Product Backlog.

☐   führt der Product Owner den Sprint Review durch.

☐   wird ein erstes Daily SCRUM als Kick off durchgeführt.

☐   Keine der Antwortmöglichkeiten ist richtig.

[31]   Das Product Backlog …

☐   wird vom Product Owner gemanagt und enthält alle wesentlichen Produktfeatures.

☐   wird vom SCRUM-Team gepflegt, um immer aktuelle Transparenz sicherzustellen.

☐ wird im Sprint dazu verwendet, die einzelnen Tasks im Sprint zu managen.

☐ Keine der aufgeführten Möglichkeiten.

[32]  Das Sprint Backlog ...

☐ wird vom SCRUM Master gemanagt und erstellt.

☐ dient den Developers dazu, während der Entwicklungsarbeit ihre Aufgaben operativ zu managen.

☐ ersetzt dauerhaft das Product Backlog, nachdem dieses einmalig und initial erstellt wurde.

☐ Keine der aufgeführten Antwortmöglichkeiten.

[33]  Im Rahmen des Sprints ...

☐ erfolgt einmal täglich das Daily SCRUM, damit sich die Developers abstimmen und synchronisieren können.

☐ erfolgt täglich der Sprint Review, um den Projektfortschritt zu messen.

☐ sind nur die Developers in die Events eingebunden, um nicht in der Entwicklungsarbeit gestört zu werden.

☐ Keine der Antwortmöglichkeiten ist richtig.

[34]  Nachdem die Entwicklungsarbeit im Sprint durchgeführt wurde, ...

☐ erfolgt der Sprint Review, um zu überprüfen, was im letzten Sprint erreicht wurde.

☐ erfolgt ein erneutes Sprint Planning, um den Plan auf dem neuen Entwicklungsstand zu aktualisieren.

☐ wird weiterhin ein Daily SCRUM durchgeführt, um regelmäßig Feedback zum abgelaufenen Entwicklungsprozess zu sammeln.

☐ Keine der Antwortmöglichkeiten ist richtig.

[35]   Die Sprint Retrospektive …

☐ dient dazu, die aktuelle Qualität des Produkts zu überprüfen.

☐ dient dazu, Feedback zum Entwicklungsprozess zu sammeln.

☐ dient dazu, Verbesserungsmaßnahmen zu erarbeiten.

☐ Keine der Antwortmöglichkeiten ist richtig.

[36]   Der Sprint Prozess ist:

☐ der zeitliche Ablauf von Events und dem Einsatz von Artefakten.

☐ in der Verantwortung des Product Owners.

☐ in der Verantwortung der Stakeholder.

☐ Keine der Antwortmöglichkeiten ist richtig.

[37]   Events im Rahmen des SCRUM-Prozesses sind:

☐ nur Daily SCRUM und der Sprint

☐ nur Sprint Planning und Sprint Review

☐ Sprint Planning, Sprint, Daily SCRUM, Sprint Review und Sprint-Retrospektive

☐ immer maximal 15 Minuten lang

[38]   Der zeitliche Ablauf der Events im SCRUM Prozess ist …

☐ Sprint Review, Sprint Planning, Sprint, Sprint-Retrospektive

☐ Sprint Planning, Sprint, Daily SCRUM, Sprint Review, Sprint-Retrospektive

☐ Sprint Planning, Daily SCRUM, Sprint-Retrospektive, Sprint, Sprint Review

☐ Sprint Retrospektive, Sprint Planning, Sprint, Daily SCRUM, Sprint

[39] Die Artefakte im Rahmen des Sprint Prozesses werden in folgendem zeitlichen Ablauf relevant …

☐ Inkrement, Daily SCRUM, Product Backlog

☐ Sprint Backlog, Inkrement, Product Backlog

☐ Daily SCRUM, Inkrement, Product Backlog

☐ Product Backlog, Sprint Backlog, Inkrement

[40] Releases …

☐ bestehen immer aus je einem Sprint.

☐ bestehen aus mindestens einem Sprint.

☐ bestehen unbedingt aus mehr als einem Sprint.

☐ können aus einem oder aus mehreren Sprints bestehen.

## 3.3   Accountabilities

SCRUM kennt eine sehr einfache und übersichtliche Definition der unterschiedlichen Accountabilities im Rahmen des SCRUM-Frameworks. Für jede dieser Accountabilities ist ganz klar beschrieben, was ihre Aufgaben sind und welche Kompetenzen und Verantwortungen sie haben. Es ist wichtig, dass jedes Mitglied des SCRUM-Teams weiß, welche Accountability es hat und welche Erwartungen an diese Accountability gestellt werden. Dies ist notwendig, um SCRUM erfolgreich umzusetzen. Einerseits gelten die Werte nach SCRUM für alle Mitglieder des SCRUM-Teams, andererseits definieren die Accountabilities für jedes einzelne Teammitglied ganz konkret und individuell pro Accountability deren Aufgaben.

## SCRUM-Team

Das SCRUM-Team arbeitet selbstgemanagt und interdisziplinär. Letztlich geht man gemäß SCRUM davon aus, dass das SCRUM-Team hoch motiviert ist und selbstständig entscheiden kann, wie es das jeweilige Ziel erreicht. Es erledigt seine Arbeit, ohne dabei auf Personen von außerhalb des SCRUM-Teams angewiesen sein zu müssen. Zudem sind SCRUM-Teams interdisziplinär.

Interdisziplinär bedeutet hierbei, dass die Teams interdisziplinär bezüglich ihrer Fähigkeiten und Fertigkeiten gemischt sind. Oft werden in Projekten, die nicht nach SCRUM gemanagt werden, einzelne Teilprojekte nach Funktionsträgern oder Fachbereichen gebildet. Ein Beispiel hierfür ist ein Teilprojekt für die Produktstrategie und ein Teilprojekt für die IT-Umsetzung. In SCRUM werden diese einzelnen Personen und Themen alle gemeinsam in einem Team vereint. Eine Trennung in Teilprojekte gibt es so nicht mehr. Im SCRUM-Team gibt es eine klare Definition der Verantwortlichkeiten. Jedes Teammitglied hat seine klar definierte Verantwortung.

## SCRUM Stakeholder

Das SCRUM-Framework kennt insgesamt drei Accountabilities, diese werden in ihrer Gesamtheit als SCRUM-Team bezeichnet. Alle diejenigen, die nicht Teil des SCRUM-Teams sind, jedoch ein Interesse an der Entwicklung des Produktes bzw. Wissen über das Produkt haben, werden Stakeholder genannt. Stakeholder sind also nicht Teil des SCRUM-Teams selbst. Und dennoch nehmen sie am SCRUM-Prozess in jeweils unterschiedlicher Weise teil. Typische Stakeholder in SCRUM-Projekten sind:

- Kunden
- Benutzer
- Management

Weitere Accountabilities kennt SCRUM im Kern nicht. Dennoch gibt es für das Management größerer Einheiten und mehrerer Teams andere Frameworks, wie beispielsweise das Scaled Agile Framework (SAFe) oder das Large Scale SCRUM (LeSS). Diese stellen Weiterentwicklungen von SCRUM dar und gehen nur teilweise auf die Väter von SCRUM zurück. Wie gesagt, sind diese Frameworks nicht Kern der eigentlichen Methode SCRUM. Deswegen werden wir auf diese auch nicht weiter an dieser Stelle eingehen. In SCRUM gibt es lediglich drei Accountabilities, welche sich auch absolut als ausreichend zum Management eines SCRUM Projekts erwiesen haben.

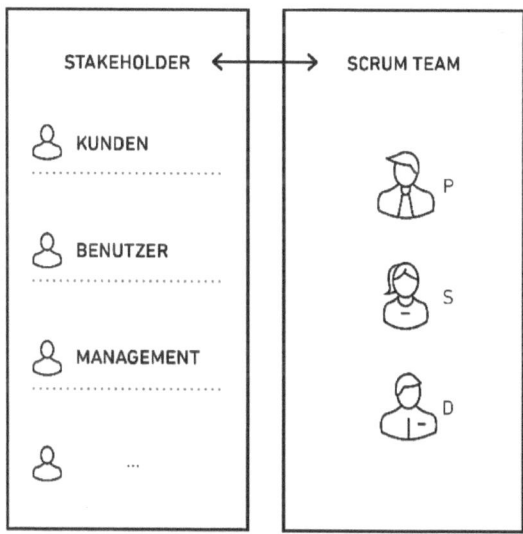

Abb. 14: SCRUM-Team und Stakeholder

**Video anschauen: Stakeholder**
In diesem Video gibt Scrum-Experte Lars Rayher einen Einblick darin, was in der Zusammenarbeit mit Stakeholdern bei der Anwendung von Scrum wichtig ist.
*https://www.agile-heroes.de/buch/scrum*

## Überblick der drei Accountabilities von SCRUM

SCRUM kennt im Kern nur drei Accountabilities: den Product Owner, den SCRUM Master und die Developers. Die Hauptaufgaben dieser Accountabilities sind die folgenden:

- **Product Owner**: Er vertritt die Interessen des Auftraggebers oder des Kunden. Er ist verantwortlich für den geschäftlichen Erfolg des Produkts.

- **SCRUM Master**: Er ist ein True Leader und verantwortlich für die Implementierung der SCRUM-Regeln. Wir sprechen hier gerne vom Regelhüter, Moderator und Coach.

- **Developers**: Diese entwickeln das Produkt. Sie sind verantwortlich dafür, die jeweiligen Ziele des Sprints zu erreichen. Die Developers sind das Herz von SCRUM. Sie sind für den wichtigsten Teil im Rahmen eines SCRUM-Projektes zuständig: das Entwickeln des Produktes.

Die konkreten Aufgaben, Kompetenzen und Verantwortlichkeiten werden im Nachfolgenden vorgestellt. An dieser Stelle wollen wir kurz die Unterschiede zwischen diesen drei Themen darstellen:

- **Aufgaben**: In einer Accountability nach SCRUM werden dauerhaft bestimmte Aufgaben zur Ausführung der Projekt- und Entwicklungsarbeit gebündelt. Jede

Accountability ist also für den gesamten Zeitraum des Projekts für einen bestimmten Aufgabenbereich zuständig.

- **Kompetenzen**: Als Kompetenzen werden die einer Accountability zugewiesenen Rechte und Befugnisse bezeichnet. Die Accountability hat also das Recht, während des Projektes bestimmte Entscheidungen zu treffen oder auch bestimmte Themen umzusetzen.

- **Verantwortung**: Unter Verantwortung versteht man die Pflicht der Accountability, für die Folgen ihrer Entscheidungen und Handlungen einzustehen. Im Projekt hat die Accountability während der gesamten Laufzeit die Pflicht, hierfür Verantwortung zu übernehmen. Dieses Thema hat eine große Überschneidung mit den Aufgaben. Eine Abgrenzung zwischen Aufgaben und Verantwortung ist nur schwer möglich.

## Das Scrum-Team ist selfmanaged

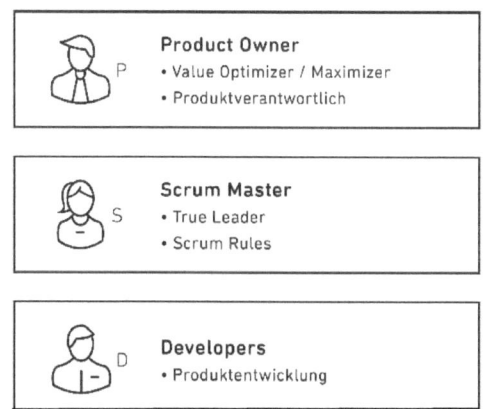

Abb. 15: Beschreibung SCRUM-Accountabilities

## Product Owner

Der Product Owner ist für das „Was" zuständig. Was wird umgesetzt, um den Wert des Produktes zu maximieren? Er hat die folgenden Aufgaben, Verantwortungen und Kompetenzen:

### Aufgaben des Product Owners

Der Product Owner ist während des gesamten SCRUM-Prozesses sehr aktiv eingebunden. Er hat zu Beginn des SCRUM-Prozesses die Aufgabe, in Abstimmung mit den Stakeholdern die Ausstattungsmerkmale des zu entwickelnden Produktmerkmale abzustimmen. Zudem hat er diese Produktmerkmale dann entsprechend auch strukturiert in Form eines Product Backlogs zu managen. Sein wesentliches Werkzeug ist das Product Backlog. Während der Entwicklungsarbeit selbst zieht er sich etwas zurück und überlässt die wichtigsten Entscheidungen den Developers selbst.

Nach einem Sprint beziehungsweise zum Ende des Sprints wird er wieder aktiver in der Form, dass er seinen Blick darauf lenkt, ob im Rahmen der Entwicklungsarbeit die wichtigsten Product Backlog Items abgearbeitet wurden. Konkret hat er die folgenden Aufgaben:

- Wertmaximierung des Produkts durch Priorisierung des Product Backlogs
- Wert der Arbeit der Developers optimieren
- Product Owner kann diese Aufgaben alleine erfüllen oder delegieren
- Product Owner bleibt jedoch verantwortlich
- Hat eine Vision für das Produkt und brennt für das Produkt

### Kompetenzen des Product Owners

Der Product Owner hat die Kompetenz für die folgenden Themen:

- Er handelt im Auftrag der Stakeholder, wie beispielsweise des Kunden oder des Managements, beziehungsweise er vertritt deren Interessen im Rahmen des SCRUM-Prozesses. Er hat alle Vollmachten bezogen auf das Produkt, um es erfolgreich zu machen.

- Dem Product Owner „gehört" das Produkt. Im Idealfall ist er auch derjenige, der über das Budget verfügt, das notwendig ist, um das Produkt zu entwickeln.

- Er ist Eigentümer des Product Backlogs und legt die Kompetenz der Backlog Items im Product Backlog fest bzw. priorisiert sie.

**Verantwortung des Product Owners**

Der Product Owner ist verantwortlich für die folgenden Themen:

- Verantwortung für den finanziellen Erfolg des Produktes

- Wertmaximierung des Produktes allgemein und in jedem Sprint

- Management und Pflege des Product Backlogs
  - Einträge im Product Backlog müssen klar formuliert werden
  - Einträge im Product Backlog sollen so sortiert werden, dass Ziele und Missionen optimal erreicht werden
  - Die gesamte Organisation muss den Product Owner respektieren
  - Entscheidungen des Product Owner müssen in Inhalt und Reihenfolge des Product Backlogs sichtbar sein.

- Der Product Owner ist eine Accountability im SCRUM-Team, die nur von einer einzelnen Person durchgeführt werden darf. Dies hat den Grund, dass nur so sichergestellt werden kann, dass es immer eine eindeutige Priorisierung der Backlog Items gibt. Zudem gibt es so stets klare Antworten auf Fragen sowohl der Developers als auch der Stakeholder. Er hat zudem die Verantwortung, die Ziele und

Anforderungen der Stakeholder zu bündeln und im Rahmen der Developers zu vertreten.

**PRODUCT OWNER**

```
AUFGABEN

• Kennt / erstellt das Product Goal
• Management des Product Backlogs
• Stakeholdermanagement
• Release des Produktes
• Total Cost of Ownership
```

Abb. 16: SCRUM Product Owner

Aus diesem Grund hat der Product Owner zwei Gesichter; eines, das den Stakeholdern zugewandt ist: Hier geht es darum, fortlaufend die Anforderungen der Stakeholder zu verstehen, zu sortieren und bündeln. Und ein weiteres Gesicht, das den Developers zugewandt ist: Hier ist seine Aufgabe, die Entwicklungsarbeit durch klare Vorgaben im Product Backlog effizient zu gestalten. Und auch Entwicklungsergebnisse nach klar definierten Abnahmekriterien zu bewerten beziehungsweise abzunehmen.

▨   Nach dem Sprint nimmt der Product Owner im Sprint Review die Ergebnisse nach vorher definierten Kriterien ab.

## SCRUM Master

Der SCRUM Master ist für alles, was ein SCRUM-Projekt für ein SCRUM-Projekt charakteristisch macht, verantwortlich: die SCRUM-Regeln. Er stellt sicher, dass alles während des Sprints nach den Regeln von SCRUM abläuft. Die wichtigsten dieser Regeln sind im SCRUM-Guide zusammengefasst (siehe Abschnitt 2.6).

### Aufgaben des SCRUM Masters

Der SCRUM Master wird auch als „True Leader" bezeichnet. Was bedeutet das? In SCRUM gibt es keinen mit Führungskompetenzen ausgestatteten Projektleiter beziehungsweise Projektmanager. Jedoch hat der SCRUM Master viele Aufgaben, die sonst einem klassischen Projektmanager zugesprochen würden. Denn er hat den gesamten Prozess und seine Kommunikations- und Eventstrukturen nach den Regeln von SCRUM zu gestalten. Hierbei ist seine Verantwortlichkeit die eines Coachs beziehungsweise eines Moderators.

Er hat die Aufgabe, die anderen Teammitglieder im SCRUM-Team dazu zu befähigen, die Regeln von SCRUM für eine möglichst effiziente Projektarbeit anzuwenden. Er hat auch dafür Sorge zu tragen, allen, die nicht Teil des SCRUM-Teams sind, zu vermitteln, wie die Interaktion mit dem SCRUM-Team erfolgreich sein kann. Zudem unterstützt er alle dabei, diese Interaktionen so zu gestalten, dass sie einen maximalen Wert der Arbeit des SCRUM-Teams sicherstellen.

### Verantwortung des SCRUM Masters

Der SCRUM Master hat für die folgenden Themen Verantwortung:

- Er ist dafür verantwortlich, dass alle Beteiligten die SCRUM-Theorie, Praktiken, Regeln und Werte verstehen.

- Botschafter innerhalb der Organisation für alles rund um das Thema SCRUM.

**Kompetenzen des SCRUM Masters**

Der SCRUM Master hat die folgenden Themen als Kompetenz:

- Der SCRUM Master hat die Kompetenz, alle SCRUM-Teammitglieder darauf hinzuweisen, wenn SCRUM-Regeln nicht richtig angewendet wurden.

- Zudem hat er die Kompetenz, jederzeit Maßnahmen zu ergreifen, die dazu notwendig sind, das Verständnis der SCRUM-Regeln im SCRUM-Team zu stärken und so auch deren Anwendung zu verbessern.

Da der SCRUM Master diese unterstützende Funktion im Rahmen des SCRUM-Prozesses hat, werden seine Aufgaben im Folgenden so strukturiert, dass deutlich wird, welche Aufgaben er unterstützend für die anderen Accountabilities innerhalb des SCRUM-Teams hat und welche auch für alle außerhalb des SCRUM-Teams.

**Grundsätzliche Aufgaben des Masters**

Der SCRUM Master ist somit der Regelhüter im Rahmen des SCRUM-Prozesses. Er hat zu jedem Zeitpunkt im Rahmen der Entwicklungsarbeit, der Events etc. sicherzustellen, dass alle Beteiligten sich an die Regeln gemäß SCRUM-Guideline halten, und auch alle Events in der entsprechenden Form stattfinden. Er fungiert hierbei als Moderator und Coach. Dies bedeutet, dass er zu keiner Zeit als Projektmanager oder Projektleiter agiert; seine Aufgabe ist lediglich unterstützend im SCRUM-Prozess. Sein Ziel ist es, dass er das SCRUM-Team befähigt, nach den Regeln von SCRUM zu arbeiten und effizient zu sein.

**Aufgaben des Masters für den Product Owner**

Der SCRUM Master unterstützt den Product Owner wie folgt:

- Er stellt sicher, dass jeder im SCRUM-Team die Ziele, den Umfang und den Anwendungsbereich des Produktes versteht.
- Er unterstützt durch Anwendung von Techniken und Methoden, damit der Product Owner das Product Backlog effektiv managen kann.
- Unterstützung des SCRUM-Teams, den Nutzen und die Notwendigkeit von klar definierten Product Backlog Items zu verstehen.
- Er stellt sicher, dass der Product Owner weiß, wie man das Product Backlog so managt, dass es einen maximalen Wert stiftet.
- Verständnis und Anwendungsraum für Agilität schaffen.
- SCRUM-Events initiieren, sofern es notwendig oder angemessen ist.

**Aufgaben des Masters für die Developers**

Der SCRUM Master unterstützt die Developers wie folgt:

- Unterstützung der Developers, hochwertige Produkte zu schaffen.
- Beseitigung von Hindernissen, die den Fortschritt der Developers behindern.
- SCRUM-Events initiieren, sofern es notwendig oder angemessen ist.
- Coaching der Developers bei organisatorischen Bereichen, in denen SCRUM noch nicht voll verstanden oder angewendet wurde.

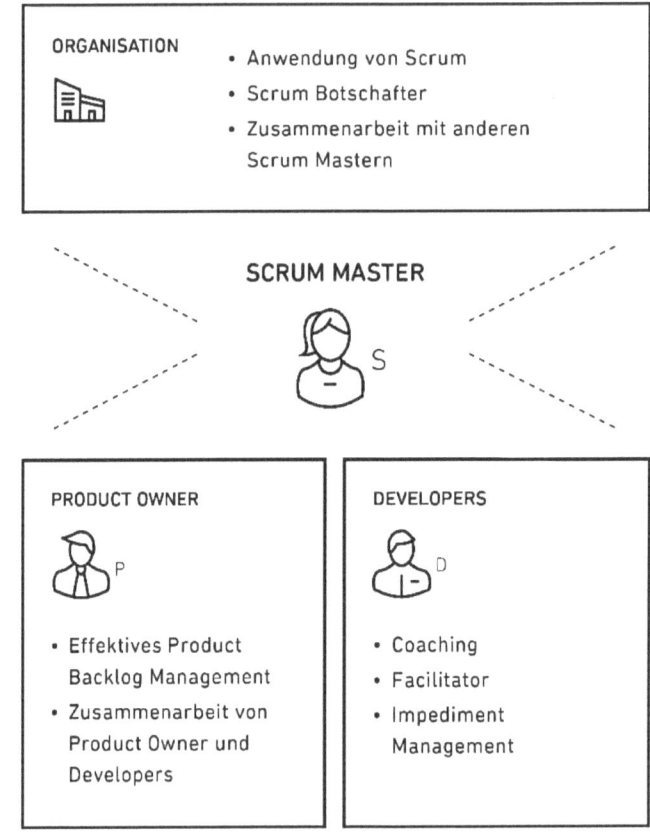

Abb. 17:  Unterstützung des SCRUM Masters

## Aufgaben des Masters für die Organisation

Der SCRUM Master unterstützt die Organisation auf verschiedene Weisen:

- Führung und Coaching der Organisation bei der Anwendung von SCRUM.
- Planung von SCRUM-Umsetzungen innerhalb der Organisation.
- Unterstützung von Mitarbeitern und Stakeholdern SCRUM zu verstehen und anzuwenden und grundsätzlich empirische Produktentwicklung zu leben.
- Veränderungen anstoßen, die die Produktivität des SCRUM-Teams steigern.
- Zusammenarbeit mit anderen SCRUM Mastern, um die Effektivität bei der Anwendung von SCRUM in der Organisation zu steigern.

## Developers

Die Developers sind für das „Wie" verantwortlich: Wie wird das Produkt entwickelt und umgesetzt?

### Charakteristiken der Developers

Developers nach SCRUM haben ganz spezielle Charakteristika, die den Spirit von SCRUM ausmacht. Diese werden im Folgenden beschrieben.

### Teamgröße

Die Developers bestehen aus einer Anzahl von drei bis neun Teammitgliedern. Es werden sieben Personen als optimal angesehen. Im Rahmen dieser Berechnung werden der SCRUM Master und der SCRUM Product Owner nicht mitgezählt. Sie sind zwar Mitglieder des SCRUM-Teams, jedoch nicht der Developers.

### Interdisziplinär

Wie in Abschnitt 3.5 beschrieben, arbeiten die Developers interdisziplinär. Das bedeutet, dass verschiedene Kompetenzen und Fähigkeiten innerhalb des Teams vorhanden sind.

> 3 – 9 Entwickler

> Interdisziplinär

> Keine Titel

> Gesamtverantwortlich

Abb. 18:  SCRUM-Developers

## Keine Titel

Innerhalb der Developers gibt es keine Titel. Die Verantwortlichkeiten der Developers sind alle gleichrangig. Titel sind damit nicht relevant. Das bedeutet jedoch nicht, dass es nicht unterschiedliche Aufgabenverteilungen innerhalb der Developers gibt. Diese Aufgabenverteilung ist jedoch stets durch die jeweilige Aufgabe definiert und manifestiert sich nicht durch die Vergabe eines Titels innerhalb der Developers.

## Developers bleiben als Ganzes verantwortlich

Die Developers können zwar Aufgaben intern mit unterschiedlichen Kompetenzen organisieren, dennoch bleiben sie immer als Ganzes für die Erreichung des Ziels eines Sprints verantwortlich. Keiner der Developers trägt mehr oder weniger Verantwortung als ein anderer. Die Developers sind immer insgesamt verantwortlich für den Erfolg.

**Aufgaben der Developers**

Die Hauptaufgabe der Developers ist es, das Produkt richtig zu bauen beziehungsweise zu entwickeln. Developers sind die einzigen, die am Inkrement arbeiten. Alle anderen Aufgaben der Developers haben sich dieser Hauptaufgabe unterzuordnen und sind lediglich unterstützend, um dies während des Sprints sicherzustellen.

DEVELOPERS

D

```
                AUFGABEN

  • Produktentwicklung
  • Management des Sprint Backlogs
  • Daily Scrum
  • Schätzung
```

Abb. 19:  SCRUM Developers Aufgaben

Es ist wichtig, dass die einzelnen Aufgaben beziehungsweise Tasks an die Developers übertragen werden. Die Aufgabenverteilung innerhalb der Developers nehmen die Developers selbst vor. Im Idealfall arbeiten möglichst viele Developers immer an einem Backlog Item. Es sollte vermieden werden, dass zu viele Developers an zu vielen unterschiedlichen Backlog Items parallel arbeiten. Es gilt also das Prinzip der Fokussierung und der priorisierten Abarbeitung nacheinander. Auch bei der Verteilung unterschiedlicher Aufgaben auf verschiedene Developers bleibt die Verantwortlichkeit bei den gesamten Developers.

**Verantwortung der Developers**

Die Developers haben die folgenden Themen zu verantworten:

- Verantwortung für die Entwicklung des aktuellen Inkrements
- Priorisierung der Aufgaben
- Organisation des Daily SCRUM (Räume etc.)
- Tägliche Teilnahme und Mitwirkung im Daily SCRUM
- Leitung des Daily SCRUM nach den Regeln von SCRUM
- Tracking des Fortschritts in Sprints inklusive Aktualisierung der Tools, die hierfür verwendet werden (bspw. Taskboard, Sprint Burn-down Chart etc.)

**Kompetenzen der Developers**

Die folgenden Themen gehören zu den Kompetenzen der Developers:

- Eigentümer des Sprint Backlogs. Nur die Developers dürfen Veränderungen am Sprint Backlog vornehmen. Dies darf sonst niemand anderes im SCRUM-Team.
- Entscheidungskompetenz darüber, „wieviel", also Menge und Umfang im Rahmen des Sprint Plannings.

**Optimale Teamgröße der Developers**

Optimal sind zwischen drei und neun Developers. Bei weniger als drei Developers besteht die Gefahr, dass eine Lücke bei den Fähigkeiten entsteht. Teams, die größer als neun Personen sind, haben einen sehr hohen Koordinationsaufwand. Bei diesen Berechnungen werden der SCRUM Master und der SCRUM Product Owner nicht einberechnet. Diese werden nur dann mitgezählt, wenn sie auch bei der Abarbeitung der

Backlog Items mitwirken. Während des gesamten SCRUM-Prozesses sollten die Developers möglichst aus denselben Personen bestehen. Grund hierfür ist, dass sich im Rahmen des SCRUM-Prozesses so eine bessere Lernkurve darstellen lässt. Zudem kann das Gelernte im Rahmen der Interaktion der Developers besser fortgeführt werden.

**Übungsfragen zum Kapitel: „Wie funktioniert SCRUM? – Accountabilities"**

Hinweis: Diese Übungsfragen sollen dir dabei helfen, die Inhalte dieses Buchs zu reflektieren. Die Lösungen findest du in Abschnitt 5.5. Den ausführlichen Prüfungsfragenkatalog mit allen möglichen Prüfungsfragen findest du in unserem Onlinekurs unter www.agile-heroes.de.

[41] In SCRUM gibt es ...

☐ genau fünf Accountabilities

☐ genau vier Accountabilities

☐ genau drei Accountabilities

☐ Keine der Antwortmöglichkeiten ist richtig

[42] Die Accountabilities im SCRUM-Team sind ...

☐ Benutzer, Kunden, Management

☐ Product Owner, SCRUM Master, Developers

☐ Stakeholder, Product Owner, SCRUM Master

☐ Keine der Antwortmöglichkeiten ist richtig

[43] Das SCRUM-Team ...

☐ ist dadurch definiert, dass jedem Teammitglied eine Verantwortlichkeit zugewiesen ist.

- ☐ steht in enger Abstimmung mit den Stakeholdern durch den SCRUM Master.
- ☐ hat die Regeln und Prinzipien von SCRUM anzuwenden.
- ☐ umfasst auch die Stakeholder, die ein Interesse an dem zu entwickelnden Produkt haben.

[44]  Die Stakeholder …

- ☐ sind Teil des SCRUM-Teams.
- ☐ werden durch den Product Owner im SCRUM-Team vertreten.
- ☐ nehmen an allen Events des SCRUM-Teams teil.
- ☐ können alle sein, die ein Interesse an der Entwicklung des Produkts haben.

[45]  Ein SCRUM-Team charakterisiert …

- ☐ self-managed
- ☐ dass jeder eine bestimmte Rolle im Team hat
- ☐ Interdisziplinarität
- ☐ Keine der Antwortmöglichkeiten ist richtig

[46]  Welche der folgenden Aussagen ist richtig?

- ☐ Der Product Owner ist für den Erfolg des Produkts zuständig
- ☐ Der SCRUM Master ist True Leader
- ☐ Die Developers sind für die Entwicklung des Produktes verantwortlich
- ☐ Keine der aufgeführten Antwortmöglichkeiten

[47]  Der Product Owner …

- ☐ managt das Product Backlog
- ☐ entscheidet über die Priorisierung der Backlog Items

☐ nimmt das Inkrement ab

☐ kommuniziert mit den Stakeholdern

[48]  Welche der folgenden Aussagen ist richtig?

☐ Der Product Owner sollte alle Kompetenzen haben, die dazu notwendig sind, das Produkt erfolgreich zu machen.

☐ Der Product Owner ist der Projektleiter in einem SCRUM-Team.

☐ Der Product Owner ist während eines SCRUM-Projektes Vorgesetzter der Developers.

☐ Der Product Owner koordiniert und managt die operative Arbeit der Developers während des Sprints.

[49]  Der SCRUM Master …

☐ ist für die Einhaltung der SCRUM-Regeln zuständig.

☐ ist Projektleiter im Rahmen eines nach SCRUM gemanagten Projektes.

☐ trifft wichtige Projektentscheidungen.

☐ ist Moderator und Coach, um das SCRUM-Team zu befähigen, optimal und effizient zu arbeiten.

[50]  Welche der folgenden Aussagen ist richtig?

☐ Der SCRUM Master ist Stellvertreter des Product Owners

☐ Der SCRUM Master ist Mitglied des SCRUM-Teams

☐ Der SCRUM Master coacht das Team in der Zeiteinhaltung der Events.

☐ Keine der Antwortmöglichkeiten ist richtig

[51]  Die Developers …

☐  sind für die Entwicklung des Produktes zuständig
☐  organisieren ihre Arbeit selbst
☐  managen und pflegen das Sprint Backlog
☐  Keine der Antwortmöglichkeiten ist richtig

[52]  Welche der folgenden Aussagen ist richtig?

☐  Die Developers haben keine Titel.
☐  Die Developers sind dem Product Owner unterstellt.
☐  Die Developers werden vom SCRUM Master geführt.
☐  Keine der Antwortmöglichkeiten ist richtig.

[53]  Welche der folgenden Aussagen ist richtig?

☐  Die Developers entscheiden, was im kommenden Sprint umgesetzt wird.
☐  Der Product Owner entscheidet darüber, was die Developers im kommenden Sprint umzusetzen haben.
☐  Der SCRUM Master erstellt die Planung für die Arbeit des kommenden Sprints.
☐  Keine der Antworten ist richtig.

[54]  Welche der folgenden Aussagen ist falsch?

☐  Die Developers haben keine Titel im Team.
☐  Die Developers treffen sich täglich zum Daily SCRUM.
☐  Die Developers tragen gesamthaft die Verantwortung für die Entwicklungsarbeit.
☐  Die Developers bestehen nur aus Entwicklern.

[55] Die optimale Größe der Developers ...

- ☐ ist nicht in SCRUM definiert
- ☐ ist lediglich vom vorhandenen Projektbudget abhängig
- ☐ liegt zwischen drei und neun Personen
- ☐ beträgt mindestens neun Personen

## 3.4 Events

Events erfolgen regelmäßig, um kontinuierlich überprüfen und anpassen zu können. Alle Events haben ein festes Zeitfenster. Dieses Zeitfenster wird auch Timebox genannt. Das bedeutet, dass für jedes Event ein Zeitrahmen vorgegeben ist, der auf jeden Fall eingehalten wird. Die Einhaltung dieses Zeitfensters ist Aufgabe des SCRUM Masters. Gibt es dennoch mehr Themen als es die Zeit des Events hergibt, so werden diese Themen auf das nächste Event verschoben. Abbildung 20 gibt dir einen Überblick über die wesentlichen Eigenschaften von Events nach SCRUM und einen Überblick darüber, welche Events es gibt.

### Charakteristik von Events

Events nach SCRUM haben eine ganz spezielle Charakteristik, die Events nach SCRUM „typisch" SCRUM werden lassen. Diese lassen sich wie folgt beschreiben.

### Regelmäßigkeit

Um den iterativen Charakter von SCRUM sicherzustellen, finden die Events bei SCRUM regelmäßig statt. Es gibt eine feste Frequenz, in denen die Events stattfinden. Diese Frequenz wird nicht verändert oder angepasst. Sie wird während des gesamten Projekts konsequent verfolgt. Auch der Ort der jeweiligen Events sollte immer der gleiche sein. Diese Regelmäßigkeit und die klare Definition von Frequenz und Ort stellen den Fluss und die Effizienz des SCRUM-Prozesses sicher.

## Timebox

Für jedes Event ist ein fester Zeitrahmen vorgegeben. Das bedeutet, dass für jedes Event vorher ein Zeitfenster festgelegt wurde. Dieses wird auf jeden Fall eingehalten. Wenn das Zeitfenster abgelaufen ist, ist das Event beendet. Es gibt keine Verlängerung des Events. Themen, die noch offen sind, werden dann im nächsten Event besprochen beziehungsweise auf das nächste Event verschoben. Zudem finden die Events gemäß SCRUM immer zum gleichen Zeitpunkt, also bezogen auf die Uhrzeit und den Wochentag, statt. Dies vermindert den koordinativen Aufwand der Event-Organisation. Eine Verschiebung von Events oder immer wieder neue Festlegung des Zeitpunkts von Events ist bewusst nicht vorgesehen.

## Sprint ist eine wesentliche Klammer

Es gibt insgesamt fünf Events nach SCRUM. Der Sprint ist einer dieser Events. Der Sprint nimmt jedoch eine Sonderposition der Events ein. Als Sprint wird gemäß SCRUM-Guide die Gesamtheit aller Events verstanden. Er ist also somit die Klammer bzw. der Container um alle Events. Im Sprachgebrauch wird als Sprint jedoch oft die Zeit nach dem Sprint Planning und vor dem Sprint Review genannt. Das ist jedoch so nicht passend. Wir nennen diese Zeit für unsere Definition die "Entwicklungsarbeit" oder "Development Time". Also die Zeit, ab der entwickelt wird, nachdem das Sprint Planning stattgefunden hat und bevor der Sprint Review stattfindet. Für unsere Definition ist der Sprint der gesamte Zyklus.

**Video anschauen: Scrum Events**
In diesem Video gibt Scrum-Experte Lars Rayher eine Einführung in den Zweck und die Notwendigkeit der Events im Rahmen des Scrum-Prozesses. *https://www.agile-heroes.de/buch/scrum*

## Überblick über die fünf Events von SCRUM

Nach SCRUM gibt es genau fünf Events, die im Rahmen eines nach SCRUM gemanagten Projektes stattfinden. Weitere Events sind nicht zugelassen. Es ist jedoch wichtig zu erwähnen, dass dies nicht bedeutet, dass es keine Kommunikation außerhalb der SCRUM-Events geben darf. Nur die Art und Anzahl der Events selbst ist klar vorgeben. Dennoch haben in den letzten Jahren mehrere Autoren und Praktiker in ihren Veröffentlichungen weitere Events für sinnvoll erkannt. Diese sind jedoch nicht Teil von SCRUM und werden aus diesem Grund nicht in diesem Buch vorgestellt. Es ist uns wichtig, zu erwähnen, dass die beiden Begründer von SCRUM Ken Schwaber und Jeff Sutherland betonen, dass jede Abwandlung und Ergänzung des von ihnen definierten „Kerns" von SCRUM den Erfolg und die Effizienz der Methode mindern.

Hier nun ein Überblick über die fünf Events gemäß SCRUM:

Abb. 20: SCRUM Events

- Sprint (als Klammer oder Container um alle anderen Events)
- Sprint Planning
- Daily SCRUM
- Sprint Review
- Sprint Retrospektive

Die fünf Events von SCRUM werden wir dann in der folgenden Struktur beschreiben.

- In welcher Form wird das Event abgehalten?
- Wer nimmt an dem jeweiligen Event teil?
- Wer moderiert das Event?
- Was ist die Agenda des Events?
- Was sind die Aufgaben der jeweiligen Accountabilities im Rahmen des Events?
- Was sind die Ergebnisse dieses Events?
- Wie lange dauert das Event ?
- Wie oft findet das Event statt?

## Sprint

Das Ziel des Sprints ist es, die jeweiligen Ziele beziehungsweise das jeweilige Ziel, das sich die Developers für den jeweiligen Sprint vorgenommen haben, zu erreichen. Konkret sind die im Rahmen des Sprints umzusetzenden Produkteigenschaften in Sprint Backlog festgehalten. Der Sprint selbst ist kein eigenständiges Event, sondern die Klammer um mehrere Events, die innerhalb des Sprints stattfinden. Insofern gibt es keine konkrete Form, wie der Sprint selbst stattfindet.

Die Events, die innerhalb des Sprints stattfinden, sind: Sprint Planning, Daily SCRUM, der Sprint Review und die Retrospektive.

Teilnehmer innerhalb des Sprints sind der Product Owner, der SCRUM Master, die Developers und die Stakeholder.

Der Sprint selbst wird nicht moderiert, da er wie schon erwähnt eine Klammer bzw. einen Container um mehrere Events darstellt. Insofern gibt es auch keine Agenda des Events selbst. Während des Sprints werden keine Änderungen vorgenommen, die das Sprint-Ziel gefährden. Der Anspruch an die Qualität der Arbeit darf nicht geändert werden. Der Scope des Sprints darf zwischen dem Product Owner und den Developers verhandelt werden, wenn er dem Lernen dient (solange er das Sprint-Ziel nicht verändert). Die Agenda des Sprints ist die Abarbeitung des Sprint Backlogs. Innerhalb des Sprints haben die beteiligten Accountabilities die Aufgaben, Kompetenzen und Verantwortung, die ihnen auch grundsätzlich gemäß ihrer Definition zukommen. Das Ergebnis des Sprints ist die Abarbeitung der für den Sprint vorgesehenen Produkteigenschaften gemäß dem Sprint Backlog.

Die Dauer des Sprints ist unterschiedlich. Ein Sprint kann wenige Tage gehen bis hin zu einem Monat. Die maximale Dauer des Sprints beträgt vier Wochen beziehungsweise ein Monat. Die Sprintdauer sollte konstant bleiben. Hintergrund ist, dass es sich erwiesen hat, dass die Leistungsfähigkeit der Sprint-Teams am höchsten ist, wenn die Dauer jeweils gleich lange ist. Grundsätzlich kann man sagen, dass Sprints immer so kurz wie nur möglich sein sollten. Wenn ein Sprint zu Ende ist, beginnt schon der nächste Sprint. Es gibt demnach keine Pause zwischen den einzelnen Sprints. Auf jeden Sprint folgt sofort der nächste Sprint.

Wie viele Sprints innerhalb eines SCRUM-Projektes stattfinden, ist unterschiedlich. Letztendlich finden Sprints statt, solange das Produkt bzw. die Dienstleistung, die entwickelt wird, besteht. Die Struktur innerhalb eines Sprints ist auch immer die gleiche. Ein Sprint beginnt immer mit dem Sprint Planning als erstem Event.

**Abbruch eines Sprints**

Ein Sprint kann jederzeit – bevor das Ende der jeweiligen Zeit erreicht ist – abgebrochen werden. Der Sprint kann jedoch nur vom Product Owner abgebrochen werden. Er ist der Einzige, der die Entscheidung über den Abbruch treffen kann, auch wenn er hierzu von Stakeholdern, dem SCRUM Master oder den Developers bewegt wurde beziehungsweise von diesen Accountabilities hierhingehend beeinflusst wurde.

Eine mögliche Voraussetzung für einen solchen Abbruch ist, dass das Sprintziel obsolet geworden ist. Sobald es also keine Notwendigkeit mehr für einen Sprint gibt, kann er abgebrochen werden. Die Gründe hierfür können vielfältig sind: Änderungen in der Unternehmensstrategie, Veränderungen im Markt oder technologische Veränderungen. Da die Dauer von Sprints jedoch so kurz wie möglich zu wählen ist, wird der Abbruch eines Sprints in den wenigsten Fällen Sinn machen. Wenn ein Sprint dennoch abgebrochen wird, werden alle bereits fertig gestellten Backlog Items nochmals überprüft. Backlog Items, die bereits fertiggestellt sind und die grundsätzlich releast werden können, werden meist vom Product Owner angenommen und akzeptiert. Alle anderen Backlog Items, die noch nicht fertiggestellt wurden, werden zurück ins Product Backlog gestellt. Die Arbeit, die an diesen Items bereits getätigt wurde, wird abgeschrieben und der Aufwand für die weitere Arbeit an diesen Items muss aufs Neue geschätzt werden.

## Sprint Planning

Das Ziel des Sprint Plannings ist, den jeweils anstehenden Sprint zu planen. Das Sprint Planning ist immer das allererste Event eines Sprints. Das Sprint Planning findet einmal pro Sprint statt.

Am Sprint Planning nimmt das gesamte SCRUM-Team teil, also der Product Owner, der SCRUM Master und die Developers. Das Sprint Planning dauert bei einem Sprint von vier Wochen maximal acht Stunden. Dauert der Sprint weniger als vier Wochen, passt sich die Dauer des Sprint Plannings auch entsprechend proportional an und ist kürzer.

Der SCRUM Master ist dafür verantwortlich, dass das Sprint Planning stattfindet und dass alle Mitglieder des SCRUM-Teams verstehen, was das Ziel des Events ist. Er ist zudem dafür verantwortlich, dass das Sprint Planning im vereinbarten Zeitfenster bezüglich der Dauer bleibt. Das Sprint Planning ist in drei Teile gegliedert.

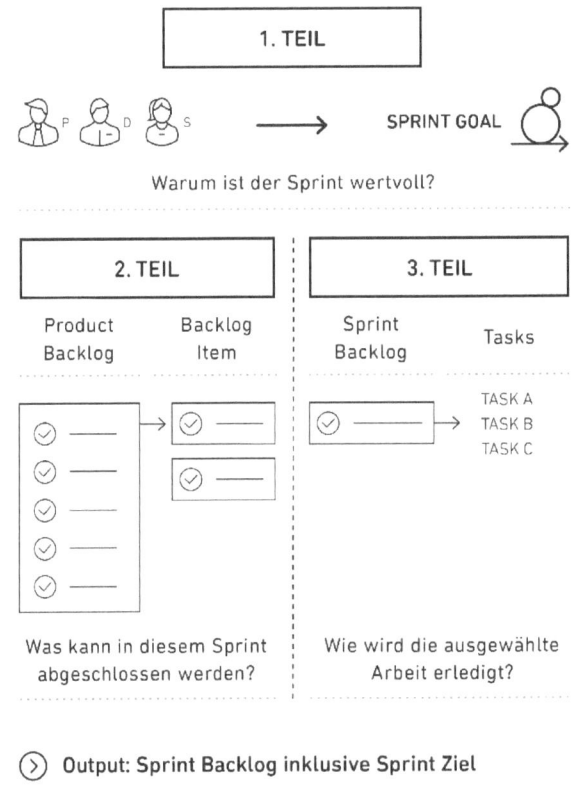

Abb. 21: Phasen des Sprint Plannings

### 1. Teil: Warum ist dieser Sprint wertvoll?

Im ersten Teil des Sprint Plannings geht es darum zu definieren, warum der Sprint wertvoll ist; also auch die Frage, was für ein Wert geschaffen werden soll. Im ersten

Schritt stellt der Product Owner vor, wie der aktuelle Sprint den Wert und Nutzen des Produktes steigern kann. Dies macht er mithilfe eines Sprint-Ziel-Entwurfs – dieser wird dann im Verlauf des Sprint Plannings vom SCRUM-Team gemeinsam finalisiert. Es geht darum, das „Warum" zu definieren und Transparenz zum Mehrwert des Sprints zu schaffen. Wichtig ist hierbei, dass insbesondere die Sicht der Stakeholder für das SCRUM-Team deutlich wird.

**2. Teil: Was kann im kommenden Sprint umgesetzt werden?**

Der zweite Teil umfasst die Vorstellung der Backlog Items, die notwendig sind, um das Sprint-Ziel zu erreichen. Dies erfolgt durch den Product Owner gegenüber den Developers. Die Items, die umgesetzt werden sollen, hat der Product Owner bereits priorisiert, also nach Priorität der Abarbeitung geordnet. Das Product Backlog enthält demnach alle Items, die umgesetzt werden sollen, um das Gesamtprodukt zu entwickeln.

Es geht darum, das „WAS" zu besprechen; also darum, „WAS" im kommenden Sprint umgesetzt werden kann. Der Product Owner stellt in einem ersten Schritt den Developers die notwendigen Backlog Items in Bezug auf das Sprint-Ziel vor. Hierbei können die Developers dann die Fragen stellen, die sie beantwortet wissen müssen, um abzuschätzen, welche der Backlog Items sie im nächsten Sprint umsetzen können.

Wichtig ist hierbei, dass das gesamte SCRUM-Team zusammenarbeitet mit dem Ziel, über ein gemeinsames Verständnis der Aufgaben des kommenden Sprints zu verfügen.

Hierbei ist es auch wichtig zu definieren, wann die Aufgaben beziehungsweise die Backlog Items fertig sind. Dazu dient ein gemeinsames Verständnis der „Definition of Done" (siehe Abschnitt „Definition of Done"). Der Input für dieses Event ist das Product Backlog, in dem alle Produkteigenschaften zusammengefasst sind. Zudem auch der letzte Stand des Produktinkrement (liegt ab dem ersten Sprint vor beziehungsweise nach dem ersten Sprint), die geschätzte Kapazität der Developers im kommenden Sprint, und zusätzlich noch die vergangene Performance der Developers. Diese Input-Parameter erlauben es abzuschätzen, „was" im kommenden Sprint geleistet werden kann. Die Entscheidung darüber, wie viele Items für das Sprint Backlog ausgewählt werden, liegt ganz allein bei den Developers.

Nur die Developers können abschätzen, was im anstehenden Sprint geleistet werden kann. Während des Sprint Plannings formuliert das SCRUM-Team ein Sprint-Ziel. Das Sprint-Ziel ist ein Ziel, das erreicht wird, wenn alle Product Backlog Items im Laufe des Sprints geleistet wurden. Es gibt den Developers eine Orientierung dafür, warum sie das Produktinkrement entwickeln. Eine ausführliche Beschreibung des Sprint-Ziels findest du in Abschnitt 3.4. Das Ergebnis dieses zweiten Teils des Sprint Plannings ist also, dass das Sprint-Ziel festgelegt wurde und dass die im kommenden Sprint zu leistenden Items festgelegt wurden.

### 3. Teil: Wie wird die gewählte Arbeit erledigt?

Im dritten Teil des Sprint Plannings geht es darum, wie die zu leistende Arbeit im kommenden Sprint erledigt wird. Ziel dieses Teilschritts im Rahmen des Sprint Plannings ist, festzulegen, ob die ausgewählten Backlog Items geeignet sind, im kommenden Sprint auch wirklich umgesetzt zu werden.

Hauptergebnis beziehungsweise Artefakt des Sprint Plannings Events ist das Sprint Backlog. Das Sprint Backlog umfasst die aus den Product Backlog für den Sprint ausgewählten Backlog Items und eine Planung, wie diese im Rahmen des Sprints umgesetzt werden.

Es geht also um das „WIE" wird im Rahmen des Sprints das umgesetzt, was umgesetzt werden muss? Hierfür werden für jedes Backlog Item Aufgaben beziehungsweise Tasks definiert. Diese Aufgaben dienen dazu, jedes einzelne Backlog Item so zu konkretisieren, dass die Developers genau wissen, welche Aufgaben und Tätigkeiten zur Erledigung des jeweiligen Backlog Items zu erfüllen sind.

Die Tasks sind notwendig, um die operative Arbeit der Developers nach Beendigung des Sprint Plannings zu ermöglichen. Hierbei ist es wichtig, dass jeder Task so definiert bzw. formuliert wird, dass er an maximal einem Tag erledigt werden kann. Wäre eine Aufgabe zu groß für einen Tag, so muss sie gemäß SCRUM in weitere Unteraufgaben unterteilt werden, so lange, bis diese an einem Tag erfüllt werden können.

Zudem sollten die Tasks so formuliert werden, dass für jedes Mitglied der Developers ganz eindeutig ist, WAS zu tun ist. Und dies unabhängig davon, wer der Developers diese Aufgabe letztendlich übernehmen wird.

Die Kapazität sollte nochmal mit den Tasks abgeglichen werden. Dies dient dazu, zu vergleichen, mit welcher Kapazität die Developers im Sprint zur Verfügung stehen und wie dies im Verhältnis zu dem zu erwartenden Aufwand steht. Ist mehr Kapazität zur Verfügung als geplant, können weitere Backlog Items in den Sprint aufgenommen werden. Wenn zu wenige Kapazitäten vorhanden sind, müssen einige Backlog Items aus dem Sprint genommen werden, so lange, bis die Kapazitätsgrenze des Sprints gerade erreicht ist.

*Es hat sich in der Praxis als hilfreich erwiesen, einen gewissen Kapazitätspuffer zu belassen. Aus unserer Erfahrung sollte dieser jedoch nicht mehr als 10 Prozent der Gesamtkapazität eines Sprints betragen.*

Das Ergebnis des dritten Teils des Sprint Plannings ist also das Sprint Backlog. Dieses enthält alle Backlog Items des Product Backlogs, die im kommenden Sprint bearbeitet werden sollen. Zudem enthält es die Planung für den Sprint, wie diese Backlog Items in Form von Tasks abgearbeitet werden.

## Daily SCRUM

Nachdem das Sprint Planning abgeschlossen wurde, beginnen die Developers ihre Arbeit. Konkret bedeutet dies, dass sie die Aufgaben, die im Sprint Planning definiert wurden, bearbeiten. Wichtig ist hierbei, dass die Developers die Aufgaben nacheinander abarbeiten und im Idealfall gemeinsam und gleichzeitig am gleichen Backlog Item arbeiten. Während dieser Entwicklungsarbeit treffen sich die Developers einmal an jedem Tag, an dem gearbeitet wird, zum Daily SCRUM.

Dieses findet immer zur gleichen Zeit am gleichen Ort statt. Grund hierfür ist, dass die organisatorische Arbeit der Eventplanung und die Komplexität reduziert werden sollen. Die Dauer des Daily SCRUM ist auf maximal 15 Minuten beschränkt. Das Ziel des Daily SCRUM ist, dass sich die Developers abstimmen und synchronisieren.

Bei jedem Daily SCRUM wird die Entwicklungsarbeit für die nächsten 24 Stunden geplant. Hierbei wird immer zuerst die Arbeit der letzten 24 Stunden transparent gemacht und ein Ausblick auf die Aufgaben der nächsten 24 Stunden gegeben. Die Developers verproben hierbei den Fortschritt der letzten 24 Stunden bezüglich des Sprint-Ziels. Zudem analysieren sie, wie der Fortschritt bezogen auf die Backlog Items, die im Sprint Backlog sind, ist. Hauptziel des Daily SCRUM ist es, die Wahrscheinlichkeit zu maximieren, dass die Developers das Sprint-Ziel auch erreichen.

Die Agenda des Events wird von den Developers selbst festgelegt. Es gibt keine konkreten Vorgaben gemäß SCRUM, wie das Daily SCRUM strukturiert werden soll, solange alles darauf abzielt, dass das Sprint-Ziel erreicht wird. Es gibt Developers, die strukturierte Fragen nutzen, wie die folgenden:

- Was habe ich gestern getan, um das Sprint-Ziel zu erreichen?
- Was werde ich heute tun, um das Sprint-Ziel zu erreichen?
- Gibt es irgendwelche Hindernisse, die mich daran hindern, das Sprint-Ziel zu erreichen?

Andere Developers hingegen nutzen das Daily SCRUM für ausführliche Diskussionen. Die genaue Agenda des Daily SCRUM ist den Developers letztlich freigestellt, so lange es darum geht, das Sprint-Ziel zu erreichen und die maximale Dauer von 15 Minuten einzuhalten.

*Da das Daily SCRUM auf 15 Minuten festgelegt ist, ist es in der Praxis oft so, dass sich die Developers nach dem Daily SCRUM noch dazu treffen, um tiefere fachliche Diskussionen zu führen oder um Neuplanungen der restlichen Sprint-Arbeit durchzuführen, oder auch um Anpassungen vorzunehmen.*

Der SCRUM Master hat die Verantwortung, dass das Daily SCRUM stattfindet. Das Event selbst wird jedoch rein von den Developers durchgeführt. Der SCRUM Master hat also eine passive Rolle im Rahmen des Daily SCRUMs, solange die SCRUM-Regeln angewendet werden. Der SCRUM Master ist auch dafür verantwortlich, dass das Daily SCRUM das Zeitfenster von 15 Minuten nicht überschreitet. Das Daily SCRUM ist also ein internes Event der Developers.

Falls andere Teilnehmer am Event anwesend sind, stellt der SCRUM Master sicher, dass diese Teilnehmer das Event nicht stören und nicht sprechen. Alle Teilnehmer am Daily SCRUM außer den Developers haben eine passive Rolle. Eine aktive Rolle haben nur die Developers selbst. Das Daily SCRUM ist ein wesentlicher Bestandteil der Überprüfung und Anpassung im Rahmen des SCRUM-Prozesses, denn es sorgt dafür, dass …

- die Kommunikation der Developers verbessert wird;
- andere Events nicht mehr notwendig oder überflüssig sind;
- Hindernisse identifiziert und/oder aufgelöst werden;
- Entscheidungsbedarf erkannt wird und Entscheidungen getroffen werden;
- der Wissensstand der Developers verbessert wird.

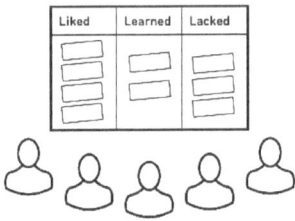

RAHMENBEDINGUNGEN

- Kommunikation und Transparenz
- Developers
- Arbeitstag, gleicher Tag und gleiche Zeit
- Maximal 15 Minuten

TÄGLICHE FRAGEN IM EVENT

- Was habe ich gestern getan?
- Was werde ich heute tun?
- Welche Hindernisse gibt es?

Abb. 22: Daily SCRUM

## Sprint Review

Der Sprint Review findet immer am Ende der Entwicklungsarbeit statt. Er dient dazu, die wichtigsten Ergebnisse aus dem Sprint zu präsentieren und um zu überprüfen und gegebenenfalls anzupassen. So kann der neueste Stand des Produktinkrements transparent gemacht werden, und das Product Backlog kann entsprechend aktualisiert werden.

Der Product Owner lädt zu dem Event ein. Das gesamte SCRUM-Team ist beim Sprint Review anwesend. Zudem sind auch die Stakeholder mit eingeladen. So erhalten sie einen Überblick über den neuesten Stand der Entwicklungsarbeit und können den Developers gleichzeitig Feedback geben.

Die Präsentation der Ergebnisse des Sprints dient im Wesentlichen dazu, Feedback zu ermöglichen und die Zusammenarbeit zu fördern. Der Sprint Review dauert maximal vier Stunden bei einem Sprint, der vier Wochen dauert. Wenn die Dauer des Sprints kürzer ist, dann sollte auch der Sprint Review entsprechend angepasst werden.

Der SCRUM Master ist dafür verantwortlich, dass das Event stattfindet und dass alle den Grund des Events kennen. Zudem unterstützt der SCRUM Master dabei, dass jeder, der am Event teilnimmt, dazu beiträgt, dass das Event in dem festgelegten Zeitrahmen bleibt.

Der Sprint Review hat typischerweise die folgende Agenda:

- Die Developers stellen die Arbeit vor, die erledigt, „Done" ist und beantworten Fragen über das Produktinkrement.

- Der Product Owner erläutert, welche Items des Product Backlog erledigt, also „Done" sind und welche nicht.

- Der Product Owner diskutiert das Product Backlog in seinem aktuellen Stand. Er gibt einen Ausblick auf künftige Lieferdaten und Ziele basierend auf dem aktuellen Fortschritt (sofern dies notwendig ist).

- Die gesamte Gruppe (SCRUM-Team und Stakeholder) arbeitet zusammen daran, was als nächstes getan werden sollte, so dass der Sprint Review einen wertvollen Input für das nächste Sprint Planning liefert.

- Überprüfung, wie sich der Markt oder der potenzielle Einsatzbereich des Produkts geändert haben könnte, bezogen darauf, was der beste nächste Schritt wäre.

- Überprüfung des Zeitplans, des Budgets, der potenziellen Ressourcen und des Markts für das nächste anstehende Release bezüglich der Funktionen und Capabilities des Produkts.

Das Ergebnis des Sprint Reviews ist ein überarbeitetes Product Backlog. Das Product Backlog kann auch grundlegend angepasst werden, wenn sich neue Möglichkeiten ergeben.

**RAHMENBEDINGUNGEN**

- Nach Ende der Entwicklungsarbeit

- SCRUM Team + Stakeholder

- Dauer 4 Stunden bei 4 Wochen Sprint

- Lead liegt beim Product Owner

**ZIELE IM EVENT**

- D stellt Increment vor

- P erläutert, was abgenommen ist

- Input Stakeholder für nächsten Sprint

- P stellt aktuelles Backlog vor

Abb. 23: Sprint Review

## Sprint-Retrospektive

Das Ziel der Sprint-Retrospektive ist, Feedback einzuholen, um den Entwicklungsprozess organisatorisch und strukturell zu verbessern. Es geht also nicht um Feedback bezogen auf die erzielte Arbeit wie beim Sprint Review, sondern um die Arbeitsweise, wie sie war und was verbessert werden kann. Im Kern geht es darum, dass Verbesserungspotenzial bezogen auf Menschen, Interaktionen, Prozess und Werkzeuge identifiziert wird.

Das Event findet immer nach dem Sprint Review und vor den kommenden Sprint Planning statt. An dem Event nehmen das gesamte SCRUM-Team, nicht jedoch die Stakeholder teil. Dies liegt daran, dass die Sprint-Retrospektive sich auf eine Verbesserung der Entwicklungsarbeit bezieht, also die Art und Weise, wie das SCRUM-Team zusammengearbeitet hat. Der Fokus der Stakeholder liegt jedoch auf dem Ergebnis dieses Prozesses, also dem Produkt. Die Dauer des Events ist auf maximal drei Stunden begrenzt bei einem Sprint über eine Dauer von vier Wochen. Bei einem kürzeren Sprint dauert die Sprint-Retrospektive entsprechend kürzer.

Der SCRUM Master ist für die Organisation des Events zuständig. Zudem muss er dafür sorgen, dass alle Teilnehmer den Grund des Events kennen. Er nimmt an dem Event teil, da er für die Einhaltung der SCRUM-Regeln verantwortlich ist und Teil des SCRUM Teams ist ebenso wie der Product Owner. Die Sprint-Retrospektive ist eines der wesentlichsten Events, in denen der SCRUM Master die Einhaltung der SCRUM-Regeln überprüfen und eventuell coachend aktiv werden kann. Er hat auch dafür Sorge zu tragen, dass das Event produktiv und positiv verläuft. Zudem sollte er alle Teilnehmer dazu anhalten, dass das Event im geplanten Zeitrahmen bleibt.

Die folgenden Ziele des Events bestimmen seine Agenda:

- Überprüfung, wie der letzte Sprint gelaufen ist, mit Fokus auf die Menschen, Beziehungen, Prozesse und Tools.

░ Identifikation und Strukturierung der Themen, die gut gelaufen sind, und potenzieller Verbesserungsfelder.

░ Erstellung eines Plans, wie die Verbesserungsfelder umgesetzt werden können, so dass das SCRUM-Team seine Arbeit am besten erledigen kann.

RAHMENBEDINGUNGEN

• Das letzte Event im Sprint

• Das gesamte Scrum Team muss anwesend sein

• 3 Stunden bei 1 Monat

• Scrum Master moderiert


ZIELE

• Feedback, Menschen, Tools, Prozesse

• Identifikation von Verbesserungsmaßnahmen

• DoD überprüfen und gegebenenfalls anpassen

Abb. 24: Transparenz in der Sprint-Retrospektive

Im Rahmen der SCRUM-Retrospektive werden verschiedene Methoden genutzt, um Feedback einzuholen. Die einfachste Art und Weise ist es, eine Metaplanwand in drei Felder zu teilen: Liked, Learned, Lacked. Jedes Mitglied des SCRUM-Teams schreibt auf eine Metaplankarte, was ihm zu diesen drei Punkten einfällt, und pinnt es an die Wand. Der SCRUM Master moderiert dann das, was an die Wand gepinnt wurde, und erarbeitet mit dem Team die Verbesserungspotenziale und einen Plan, wie diese umgesetzt werden können.

Für die Verbesserungsmaßnahmen ist im Ergebnis das SCRUM-Team zuständig. Auch die erarbeiteten Verbesserungsmaßnahmen sollten priorisiert werden, so dass ganz klar ist, welche dieser Maßnahmen zuerst und von wem umgesetzt werden sollten.

Der SCRUM Master nimmt im Rahmen der Sprint-Retrospektive eine zentrale Rolle ein. So ermuntert er das Team dazu, sich zu verbessern, indem es den SCRUM Framework, den SCRUM-Prozess und den Entwicklungsprozess nutzt, um noch effektiver und mit hoher Motivation zu arbeiten. Im Rahmen jeder Sprint-Retrospektive plant das SCRUM-Team die Produktqualität zu verbessern, indem es seine Arbeitsprozesse verbessert und die Definition of Done anpasst. Dies jedoch nur, wenn es angemessen ist und nicht im Konflikt mit Produkt- oder Unternehmensstandards steht.

Das Ergebnis der Sprint-Retrospektive sind identifizierte Verbesserungsmaßnahmen, die im kommenden Sprint umgesetzt werden sollten. Wenn diese Verbesserungsmaßnahmen umgesetzt werden, setzt das SCRUM-Team die Anpassung um, die durch seine eigene Überprüfung erfolgt ist. Das SCRUM-Team verbessert also sich und seine eigene Arbeit selbst. Grundsätzlich können Verbesserungen zu jeder Zeit im Rahmen des SCRUM-Prozesses vorgenommen werden. Dennoch bietet die Sprint-Retrospektive eine formale Möglichkeit, sich auf Überprüfungen und Verbesserungen im SCRUM-Team zu fokussieren.

**Video anschauen: Retrospektive**
In diesem Video gibt Scrum-Experte Lars Rayher eine Einführung darin, wie eine Retrospektive aufgebaut ist und erfolgreich durchgeführt werden kann.
*https://www.agile-heroes.de/buch/scrum*

## Weitere Prozesse

Die bisher vorgestellten Events stellen den Kern von SCRUM dar, so wie es von Jeff Sutherland und Ken Schwaber auch im SCRUM-Guide dargestellt wurde. Zudem wird ein Prozess im SCRUM-Guide beschrieben, der Product Refinement genannt wird. Hierbei handelt es sich um einen fortlaufenden Prozess, der im Rahmen des SCRUM-Prozesses durchgeführt wird.

### Product Backlog Refinement

Beim Product Backlog Refinement handelt es sich um die Detaillierung und Konkretisierung der Product Backlog Items. Konkret geht es darum, die Product Backlog Items um die Details wie Beschreibungen, Schätzungen und Priorisierung zu ergänzen. Die Features, Funktionen, Erwartungen und Änderungen des Produkts, die im Product Backlog aufgezählt sind, werden also näher beschrieben. Die Durchführung des Product Backlog Refinements erfolgt zwischen dem Product Owner und den Developers. Das Product Backlog Refinement hat keinen festen beziehungsweise bestimmten Zeitpunkt im Rahmen des SCRUM Prozesses. Das Product Backlog Refinement erfolgt fortlaufend.

Die Entscheidung, wann und wie es durchgeführt wird, liegt beim SCRUM-Team. Der Aufwand für das Product Backlog Refinement sollte insgesamt nicht mehr als 10 Prozent der gesamten Entwicklungsarbeit ausmachen. Im Rahmen des Product Backlog Refinements werden die einzelnen Product Backlog Items überprüft und angepasst. Die Product Backlog Items selbst können jederzeit von Product Owner oder auf seine Anweisung hin angepasst werden. Die Entscheidung über die Anpassung der Product Backlog Items liegt also beim Product Owner, die Entscheidung über den Zeitpunkt der Durchführung des Product Backlog Refinements liegt beim SCRUM-Team.

Die Detaillierung und Granularität der Product Backlog Items sind durchaus unterschiedlich. Grundsätzlich sind alle Product Backlog Items vom Product Owner in eine

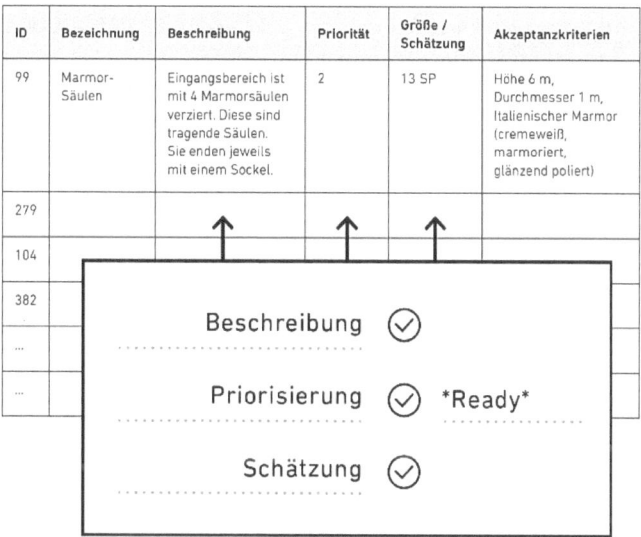

| ID | Bezeichnung | Beschreibung | Priorität | Größe / Schätzung | Akzeptanzkriterien |
|---|---|---|---|---|---|
| 99 | Marmor-Säulen | Eingangsbereich ist mit 4 Marmorsäulen verziert. Diese sind tragende Säulen. Sie enden jeweils mit einem Sockel. | 2 | 13 SP | Höhe 6 m, Durchmesser 1 m, Italienischer Marmor (cremeweiß, marmoriert, glänzend poliert) |
| 279 | | | | | |
| 104 | | | | | |
| 382 | | | | | |
| ... | | | | | |
| ... | | | | | |

Abb. 25: Product Backlog Refinement

Rangfolge gebracht worden. Die Rangfolge beschreibt hierbei, welches aus Sicht des Product Owners die wichtigsten Funktionen sind, die als nächstes von den Developers umgesetzt werden sollten. Hierbei stehen Product Backlog Items, die als nächstes umgesetzt werden sollten, ganz oben im Product Backlog, und Items, die später umgesetzt werden sollten, weiter unten. Die Backlog Items, die als nächstes anstehen, sind hierbei konkreter beschrieben und detaillierter als die Items, die erst für eine spätere Umsetzung anstehen. Hierbei ist wichtig, dass die Items, die potenziell für den nächsten Sprint vorgesehen sind, so ausreichend detailliert sind, dass jedes Mitglied des SCRUM-Teams auch versteht, was zu tun ist und was die Anforderungen bezüglich des „Done" sind. Die Voraussetzung, dass ein Backlog Item aus dem Product Backlog ins Sprint Backlog übergeht und somit im Sprint umgesetzt werden kann, ist also, dass dieses Backlog Item so detailliert wurde, dass es in dem anstehenden Zeitfenster des kommenden Sprints auch umgesetzt werden kann.

Wenn ein Backlog Item von den Developers innerhalb eines Sprints erledigt („Done") werden kann, wird es als bereit („Ready") für die Auswahl für den nächsten Sprint und damit für das Sprint Backlog gesehen. Für die Schätzungen sind immer die Developers zuständig. Der Product Owner kann Einfluss auf die Developers nehmen und ihnen helfen, die Schätzungen durchzuführen und Abwägungen und Trade-offs vorzunehmen. Dennoch bleiben die Entscheidung und die finale Durchführung der Schätzung bei den Developers.

## Planning Poker

Planning Poker hat sich in der Praxis durchgesetzt. Das Team hat so die Möglichkeit, in einem schnellen und effizienten Verfahren zu einer validen Schätzung zu gelangen. Üblicherweise werden Story Points geschätzt. Diese sind auch auf den entsprechenden Planning Poker Cards nach der Fibonacci-Folge dargestellt.

Story Points bilden nicht den Aufwand oder die Zeit ab, sondern die Komplexität einer Aufgabe. Eine hohe Zahl bedeutet hierbei eine hohe Komplexität und eine niedrige Zahl eine geringe Komplexität. Die Komplexität wird über die Fibunacci-Reihe abgebildet:

0, 1, 2, 3, 5, 8, 13 …

Diese Reihe wird verwendet, denn je größer die Zahl, desto größer wird auch der Abstand zu Vorgänger und Nachfolger. Dadurch kann eine höhere Unsicherheit bei hohen Schätzungen abgebildet werden. Zusätzlich soll es zu schnelleren Entscheidungen kommen, da es zu keinen kleinteiligen Diskussionen kommt, wenn man eine einfache Zahlenfolge wählt.

Die Schätzung hilft den Developers, zu überprüfen, ob nicht zu viele oder zu wenige Stories in den Sprint aufgenommen werden.

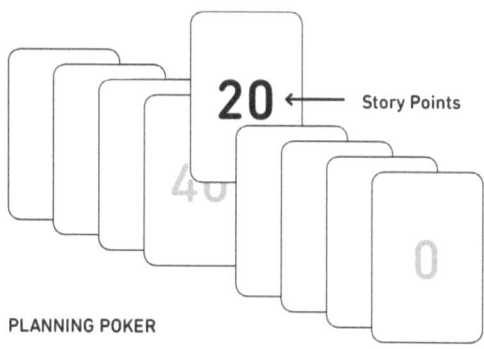

Abb. 26: Planning Poker

Planning Poker hat den folgenden Ablauf: Zunächst stellt der Scrum Master das Vorgehen vor und übergibt in den meisten Fällen an den Product Owner für die inhaltlichen Themen. Dieser stellt dann die aktuellen Themen für das Meeting vor. Im Anschluss gehen Developers und Product Owner die einzelnen Backlog Items durch. Der Product Owner stellt die Beschreibung der Backlog Items vor, um ein gemeinsames Verständnis zu schaffen. Die Developers haben die Möglichkeit Rückfragen zu stellen. Nachdem ein gemeinsames Verständnis geschaffen worden ist, geht es in die erste Schätzrunde. Die Developers nehmen eine Schätzung für ein Backlog Item vor und legen die Karte mit der für sie passenden Zahl verdeckt auf den Tisch. Alle Developers drehen gemeinsam ihre Karten um, so dass die Schätzungen sichtbar werden. Die Developers mit den höchsten und niedrigsten Schätzungen begründen ihre Meinung. Dies soll eine große Diskussion vermeiden. Es folgt eine weitere Schätzrunde auf Basis der neuen Informationen für das gleiche Backlog Item. Dies Zyklus kann beliebig wiederholt werden, in der Regel maximal drei Runden. Wenn es nach diesen drei Runden zu keiner Einigung gekommen ist, kann man eine Regel definieren, dass z.B. die Mehrheit der Schätzungen angenommen wird. Die Stimme des Developers, der die Aufgabe vermutlich umsetzen wird, sollte hierbei von den Developers respektiert werden. Falls es auch mit Regeln zu keiner Eignung kommt, sollte diese Schätzung vertagt und zum nächsten Backlog Item übergegangen werden.

Durch diese Schätzungen kann die Velocity (Geschwindigkeit) des SCRUM-Teams anhand der geschätzten Backlog Items gemessen werden. Bei gut performenden Teams steigt die Velocity im Laufe der Sprints immer mehr an. Es werden also mehr Story Points innerhalb eines Sprints umgesetzt. Diese Zahl ist auch für die Planung innerhalb des Product Backlog wichtig, da der Product Owner eine Möglichkeit bekommt, abzuschätzen, wie viel innerhalb eines Sprints umgesetzt werden kann.

## Definition of Ready

Die Voraussetzung, dass ein Backlog Item von den Developers entwickelt werden und jemals den Zustand des „Done" erreichen kann, ist, dass es ausreichend detailliert beschrieben wurde. Nur wenn das Backlog Item priorisiert, geschätzt und verstanden ist, ist es bereit, aus dem Product Backlog ins Sprint Backlog überführt zu werden. Die „Definition of Ready" beschreibt also, wie detailliert ein Backlog Item beschrieben werden muss beziehungsweise welche Kriterien es erfüllen muss, damit es so „bereit" ist, dass es im anstehenden Sprint von den Developers auch umgesetzt werden kann.

## Übungsfragen zum Kapitel: „Wie funktioniert SCRUM? – Events"

Hinweis: Diese Übungsaufgaben sollen dir dabei helfen, die Inhalte dieses Buchs zu reflektieren. Die Lösungen findest du in Abschnitt 5.5. Den ausführlichen Prüfungsfragenkatalog mit allen möglichen Prüfungsfragen findest du in unserem Onlinekurs unter www.agile-heroes.de.

[56] Events in SCRUM sind dadurch charakterisiert, …

☐ dass sie Regelmäßigkeit sicherstellen.

☐ dass sie regelmäßig die Chance zu Überprüfung und Anpassung geben.

☐ dass sie einen festen Zeitrahmen haben.

☐ Keine der Antwortmöglichkeiten ist richtig.

[57] Die Dauer von SCRUM Events ist …

☐ maximal vier Wochen für einen Sprint

☐ maximal acht Stunden für das Sprint Planning

☐ maximal vier Stunden für den Sprint Review

☐ maximal drei Stunden für die Sprint Retrospektive

[58] Für die Zeiteinhaltung der Events in SCRUM …

☐ sind die Stakeholder zuständig

☐ ist der SCRUM Master zuständig

☐ sind die Developers zuständig

☐ ist der Product Owner zuständig.

[59] Events in SCRUM sind …

☐ Product Backlog, Sprint Backlog, Inkrement.

☐ Sprint-Ziel, Product Backlog Refinement.

☐ Sprint Planning, Sprint Review, Sprint, Daily SCRUM und Sprint-Retrospektive.

☐ Keine der Antwortmöglichkeiten.

[60]  Der Sprint …

☐ ist ein Container aus mehreren Events.

☐ ist maximal 1 Monat.

☐ wird nur einmal durchgeführt.

☐ Keine der Antwortmöglichkeiten ist richtig.

[61]  Das Sprint Planning …

☐ ist im zeitlichen Ablauf das erste Event in einem Sprint.

☐ ist in drei Teile aufgegliedert.

☐ dient dazu, die Entwicklungsarbeit zu planen.

☐ Keine der aufgeführten Möglichkeiten.

[62]  Welche der folgenden Aussagen ist richtig?

☐ Im Sprint Planning ist das SCRUM-Team anwesend.

☐ Das Sprint Planning umfasst die Fragen, warum, was und wie Themen umgesetzt werden.

☐ Das Sprint Planning ist einmal pro Sprint durchzuführen.

☐ Beim Sprint Planning erstellt der Product Owner alleine einen Plan für den anstehenden Sprint.

[63] Das Daily SCRUM …

☐ wird jeden Tag zur gleichen Zeit am gleichen Ort durchgeführt.

☐ dauert immer maximal 15 Minuten.

☐ ist das Event der Developers, bei dem auch nur die Developers sprechen.

☐ ist ein Event des gesamten SCRUM-Teams, bei dem jeder Teilnehmer aktiv sein sollte,

[64] Im Daily SCRUM beantworten die Teilnehmer die folgenden Fragen:

☐ Was habe ich gestern getan, um das Sprint-Ziel zu erreichen?

☐ Was werde ich heute tun, um das Sprint-Ziel zu erreichen?

☐ Welche Hindernisse hindern mich daran, das Sprint-Ziel zu erreichen?

☐ Wie können die Developers den Product Owner unterstützen, das Sprint Backlog zu aktualisieren?

[65] Im Daily SCRUM dürfen sein:

☐ nur die Stakeholder und die Developers

☐ nur die Developers und der Product Owner

☐ nur der SCRUM Master und die Developers

☐ das SCRUM-Team und die Stakeholder

[66] Der Sprint Review …

☐ dient dazu, den aktuellen Stand der Entwicklungsarbeit zu präsentieren.

☐ wird jeweils nach der Entwicklungsarbeit durchgeführt.

☐ dient dazu, dass der Product Owner das aktuelle Product Backlog vorstellt.

☐ dient dazu, dass die Developers den aktuellen Stand der Entwicklungsarbeit vorstellen.

[67] Welche der folgenden Aussagen sind richtig?

☐ Am Sprint Review nehmen das gesamte SCRUM-Team und die Stakeholder teil.

☐ Der Fokus des Sprint Reviews ist das Produkt und sein aktueller Umsetzungsstand.

☐ Der Sprint Review kann entfallen, wenn alle Backlog Items des Sprint Backlogs vollumfänglich umgesetzt wurden.

☐ Der Product Owner stellt im Sprint Review vor, welche Backlog Items des Sprints er abgenommen hat und welche nicht.

[68]  Die Sprint-Retrospektive …

☐ bedeutet, dass das gesamte SCRUM-Team Feedback zum Entwicklungsprozess gibt.

☐ dient dazu, Feedback zu Menschen, Interaktionen, Prozessen und Werkzeugen zu sammeln.

☐ ermöglicht, Verbesserungsmaßnahmen zu erarbeiten.

☐ erfolgt immer vor dem Sprint Review, um Feedback proaktiv zu adressieren.

[69]  Product Backlog Refinement bedeutet, dass …

☐ die Backlog Items des Product Backlog detailliert werden.

☐ Backlog Items beschrieben, priorisiert und geschätzt werden.

☐ die Developers eine Schätzung der Backlog Items vornehmen.

☐ Keine der Antwortmöglichkeiten ist richtig.

[70]  Definition of Ready bedeutet, dass …

☐ Kriterien zur Abnahme des Inkrements definiert sind.

☐ Backlog Items „Ready" für das Sprint Backlog sind.

☐ Backlog Items detailliert beschrieben, priorisiert und geschätzt werden.

☐ ein Backlog Item bereit ist, in das Sprint Backlog übernommen zu werden und bestimmte Kriterien erfüllt.

## 3.5 Artefakte

SCRUM arbeitet mit wenigen Artefakten. Artefakte sind die Tools, die helfen, neben den definierten Accountabilities und Events die Arbeit zu organisieren. Gemäß dem SCRUM-Guide werden nur drei Artefakte beschrieben. Zusätzlich erwähnt der SCRUM-Guide noch das „Sprint-Ziel" und die „Definition of Done". Da diese weder Accountabilities noch Events sind, beschreiben wir auch diese beiden an dieser Stelle in unserem Buch. Letztlich handelt es sich hierbei um zwei wesentliche Elemente, die beim Einsatz der drei Artefakte dabei helfen, Transparenz zu schaffen, auf deren Basis Überprüfung und Anpassung möglich sind.

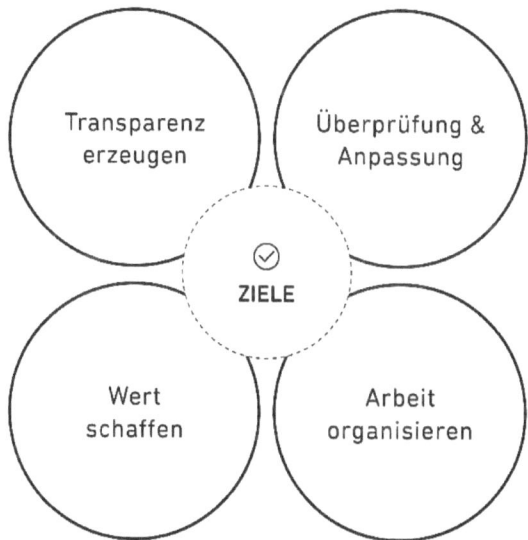

Abb. 27: Übersicht Artefakte

Es ist uns sehr wichtig, in diesem Buch einerseits den Kern von SCRUM gemäß Jeff Sutherland und Ken Schwaber, und auf der anderen Seite auch in der Praxis erprobte Konkretisierungen und Ergänzungen der Methodik vorzustellen.

## Charakteristika von Artefakten

Es gibt bestimmte Voraussetzungen, die gegeben sein sollten oder die die Basis der Effektivität vom Einsatz der Artefakte im Rahmen der SCRUM-Methodik darstellen.

### Repräsentation der Arbeit und ihres Werts

Bisher haben wir die Accountabilities und Events nach SCRUM beschrieben. Beides sind die weichen Faktoren von SCRUM. Die Accountabilities stellen die jeweiligen Akteure in einem Projekt beziehungsweise einer Produktentwicklung dar. Die Events beschreiben dann, wie die Kommunikation im SCRUM-Prozess zwischen diesen Individuen erfolgt. Die Artefakte hingegen beschreiben konkret, wie der aktuelle Stand der Arbeit des SCRUM-Teams ist. Also welche Aufgaben zu erfüllen sind, um das Produkt mit seinen gewünschten Funktionen zu erschaffen. Zudem macht es den Wert dieser Arbeit zu jedem Zeitpunkt des Projekts transparent. Die Artefakte fassen die Erwartungen an das zu erstellende Endprodukt zusammen und konkretisieren sie zudem. So ist es jederzeit möglich zu wissen, wie der aktuelle Umsetzungsstand der Entwicklung und was das Ziel aller Entwicklungsarbeit ist.

### Maximale Transparenz der Information

Ein wesentliches Ziel des Einsatzes von Artefakten ist es, eine maximale Transparenz bezüglich der für die Entwicklung des Produkts notwendigen Arbeiten zu schaffen. Diese maximale Transparenz ist die Basis dafür, fortlaufend zu überprüfen und anzupassen.

Transparenz ist das wichtigste Kriterium, das an Artefakte gestellt wird. Denn alle

Entscheidungen bezüglich Werte oder Risiken werden auf Basis der Artefakte getroffen. Deswegen müssen diese die maximale Transparenz sicherstellen. Wenn die Transparenz nicht vollständig ist, ist die Basis für diese Entscheidungen unsicher und nicht verlässlich. Das Ergebnis könnte ein Rückgang im Produktwert oder ein Anstieg der Risiken sein, was auf jeden Fall zu verhindern ist.

Das gesamte SCRUM-Team muss daran arbeiten, dass jederzeit Transparenz der Informationen in den Artefakten gewährleistet ist. Der SCRUM Master hat hierbei die Aufgabe, das SCRUM-Team zu befähigen, mangelnde Transparenz zu erkennen und zu beheben. Es ist seine Aufgabe, mit dem SCRUM-Team und der Organisation zusammenzuarbeiten, dass die Transparenz der Artefakte fortlaufend zunimmt. Diese Transparenz kann nicht von vorneherein vollumfänglich gegeben sein. Es ist vielmehr ein Weg, den das ganze Team während des SCRUM-Prozesses gehen muss. Aufgabe des SCRUM Masters ist hierbei zu lernen, zu überzeugen und zu verändern. Transparenz ist kein Zustand, sondern ein Weg, den das SCRUM-Team nur gemeinsam gehen kann.

**Möglichkeit zur Überprüfung und Anpassung**

durch die durch die Artefakte geschaffene Transparenz über das zu entwickelnde Produkt und seine Funktionen ist es möglich, diese fortlaufend zu überprüfen und anzupassen. So kann fortlaufend überprüft und angepasst werden, „WAS" entwickelt wird. Zudem beinhalten die Artefakte auch Informationen darüber, „WIE" das Produkt entwickelt wird. Auch der Prozess der Entwicklung und der Zusammenarbeit im SCRUM-Team werden also fortlaufend angepasst.

**Arbeit organisieren**

Mithilfe der Artefakte hat das SCRUM-Team die Möglichkeit, die Arbeit zu organisieren, welche zum einen im laufenden Sprint umgesetzt wird als auch die zukünftige Arbeit zu definieren.

Hierbei arbeitet das SCRUM-Team gemeinsam daran, ein klares Verständnis über die Arbeit zu definieren. Hierbei nutzt das SCRUM-Team z.B. das Product Backlog Refinement.

## Überblick der 3 Artefakte von SCRUM

Wie bereits erwähnt, gibt es nach SCRUM drei Artefakte. Diese sind die folgenden:

- Product Backlog
- Sprint Backlog
- Inkrement

Jedes der aufgeführten Artefakte hat innerhalb von SCRUM ein sogenanntes Commitment, dies dient dazu sicherzustellen, Transparenz zum Fortschritt messbar zu machen und dem SCRUM-Team ein Ziel zu geben, auf welches sie hinarbeiten können. Zusätzlich beschreiben die Commitments die Artefakte und liefern somit Klarheit über den Zweck, Kontext und Wert des Artefakts.

- Das Commitment für das Product Backlog ist das Product Goal
- Das Commitment für das Sprint Backlog ist das Sprint Goal
- Das Commitment für das Increment ist die Defintion of Done

Diese drei Artefakte werden wir im Folgenden vorstellen. Im Rahmen der Vorstellung werden wir immer diese Fragen beantworten:

- Warum ist das Artefakt notwendig?
- Was ist das Ziel des Artefakts?
- Wer ist für das Artefakt zuständig?
- Wofür wird das Artefakt eingesetzt?
- Wo im SCRUM-Prozess kommt es zur Anwendung?

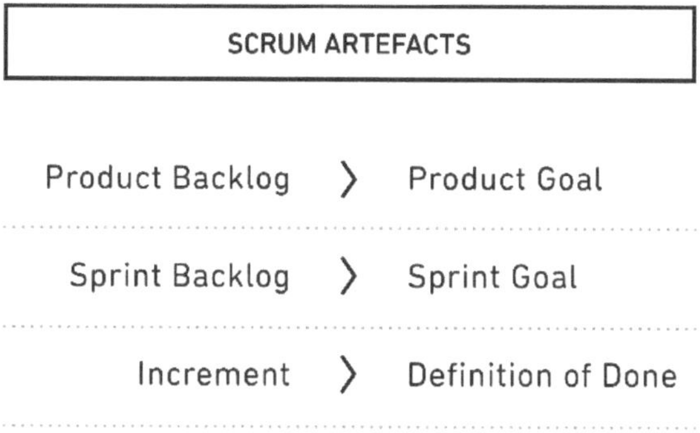

```
┌─────────────────────────────────────────┐
│              SCRUM ARTEFACTS             │
└─────────────────────────────────────────┘
```

Product Backlog　〉　Product Goal

. . . . . . . . . . . . . . . . . . . . . . . . . . . . . . . . . . . . . . . . . . . . . . . . . . . . . . . . . . . . . . . . . . . . . . . . . . .

Sprint Backlog　〉　Sprint Goal

. . . . . . . . . . . . . . . . . . . . . . . . . . . . . . . . . . . . . . . . . . . . . . . . . . . . . . . . . . . . . . . . . . . . . . . . . . .

Increment　〉　Definition of Done

. . . . . . . . . . . . . . . . . . . . . . . . . . . . . . . . . . . . . . . . . . . . . . . . . . . . . . . . . . . . . . . . . . . . . . . . . . .

Abb. 28: Artefakte

## Product Backlog

### Was ist das Ziel des Product Backlogs?

Das Product Backlog ist eine Auflistung aller Produktfeatures, die das Produkt, wenn es entwickelt ist, enthalten soll. Die Produktfeatures im Product Backlog werden Product Backlog Items genannt. Sie sind in einer bestimmten Reihenfolge nach Priorität geordnet. Es stellt die einzige Quelle aller Anforderungen an das Produkt und aller Änderungen, die am Produkt vorgenommen werden, dar. Das Product Backlog besteht, solange das Produkt besteht. Es beinhaltet auch alle bereits abgearbeiteten Backlog Items bzw. Userstories.

Das Product Backlog ist nie vollständig, es lebt während des gesamten Entwicklungsprozesses und wird ständig überprüft und angepasst. Die erste Version des Product Backlogs zeigt die anfänglich nach bestem Wissen und Gewissen bekannten Anforderungen. Das Product Backlog verändert sich im Zeitverlauf in dem Maße, wie sich der Einsatzbereich des Produkts und auch das Produkt selbst ändert. Das Product

Backlog ist also sehr dynamisch. Es verändert sich ständig, um festzustellen, was das Produkt erfordert, um angemessen, wettbewerbsfähig und nützlich zu sein.

Wenn ein Produkt existiert, existiert auch ein Product Backlog. So ist die Welt von SCRUM. Das Product Backlog beinhaltet also langfristig alle

- Features,
- Funktionen,
- Anforderungen,
- Verbesserungen,
- Änderungen,

die in künftigen Versionen des Produkts enthalten beziehungsweise umgesetzt werden sollten. Jeder dieser Einträge im Product Backlog wird Product Backlog Item genannt. Jedes Product Backlog Item hat mehrere Attribute: Beschreibung, Priorisierung, Schätzung etc. Meist enthalten Product Backlog Items auch eine Beschreibung der Abnahmekriterien, die im Rahmen der Abnahme durch den Product Owner das „Done" definieren.

### Wer ist für das Product Backlog zuständig?

Für das Product Backlog ist der Product Owner zuständig. Er hat die Verantwortung, das Product Backlog zu erstellen und es während des gesamten Prozesses zu pflegen. Er ist insbesondere für seinen Inhalt, seine Struktur, die Priorisierung der Backlog Items und seine Verfügbarkeit zuständig.

| ID | Bezeichnung | Beschreibung | Priorität | Größe / Schätzung | Akzeptanzkriterien |
|----|-------------|--------------|-----------|-------------------|--------------------|
| 99 | Außenpool | Großer Außenpool in ovaler Form mit Gegenstromanlage, abdeckbar wegen Laub | 1 | 40 SP | Breite 6 Meter, Länge 12 Meter, Tiefe 1 Meter. |
|    |           |              |           |       | Wände Marmor aus Italien (perlmuttweiß, poliert), Regenwasser-Aufbereitung |
| 279 |          |              |           |       | **USER STORY** |
| 104 |          |              |           |       |  |
| 382 |          |              |           |       | **EPIC** |
| ... |          |              |           |       |  |
| ... |          |              |           |       |  |

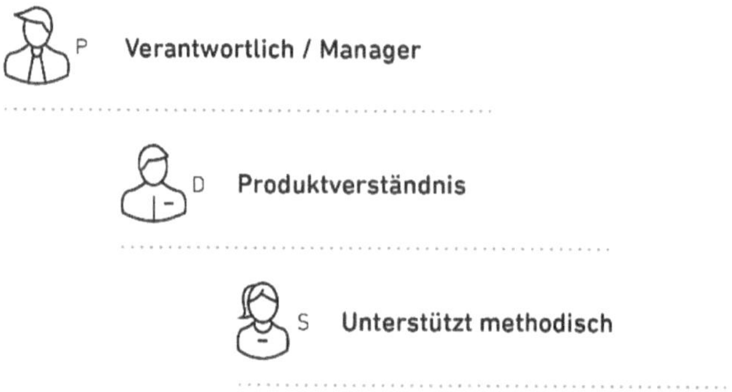

P    **Verantwortlich / Manager**

D    **Produktverständnis**

S    **Unterstützt methodisch**

Abb. 29: Darstellung Product Backlog

## Wie im SCRUM-Prozess kommt das Product Backlog zur Anwendung?

Das Product Backlog kommt während des gesamten SCRUM Prozesses zur Anwendung. Es stellt zu jeder Zeit die Basis bezüglich der Transparenz des zu entwickelnden

Produktes dar. Das Product Backlog ist die Sammlung mehrerer Backlog Items, die letztlich in ihrer Gesamtheit alle Funktionen, die das zu entwickelnde Produkt umfasst. Im ersten Schritt ist ein Product Backlog Item nur die Bezeichnung einer Anforderung wie beispielsweise „Außen-Pool". Weitere Details der Anforderungen werden dann im Rahmen des Product Backlog Refinement ergänzt.

## Epic, User Story, Task

### Epic

Sehr umfangreiche, große User Stories. Technisch werden Epics während ihrer Umsetzung in einzelne User Stories aufgegliedert. Hierdurch entsteht eine Hierarchie zwischen Epic und User Story. In unserem Beispiel mit dem Hausbau ist das Epic beispielsweise die Außenanlage der Traumvilla.

### User Story

Ein Backlog Item, also eine einzelne Umsetzungsanforderung, wird in der Praxis der agilen Welt meist User Story genannt. Eine User Story ist eine aus Sicht des potenziellen Nutzers beschriebene Anforderung an eine Funktion oder ein Feature. In unserem Beispiel wäre der Pool eine User Story beziehungsweise ein Backlog Item. Eine User Story ist immer folgendermaßen aufgebaut:

„Als [Rolle - Wer?] möchte ich [Funktion - Was?] um [Nutzen - Warum?]."

### Task

Ein Task ist eine einzelne Aufgabe, die notwendig ist, um eine User Story umzusetzen. In unserem Beispiel wäre ein Task das Ausheben der Grube, die notwendig ist, um den Pool zu bauen.

## Sprint Backlog

### Was ist das Ziel des Sprint Backlogs?

Das Ziel des Sprint Backlogs ist, den Developers transparent zu machen, welche Backlog Items im Rahmen des Sprints wie umgesetzt werden sollen. Zudem gibt es zu jedem Zeitpunkt des Sprints Auskunft über den aktuellen Stand der Entwicklungsarbeit der Developers und darüber, welche Aufgaben noch zu erledigen sind, um das Sprint-Ziel zu erreichen. Um eine kontinuierliche Verbesserung sicherzustellen, könnte eine Verbesserungsmaßnahme, die im Rahmen der letzten Sprint-Retrospektive als wichtig beziehungsweise als von hoher Priorität identifiziert wurde, im Sprint Backlog dargestellt werden. Das Sprint Backlog ist letztlich eine Teilmenge der Backlog Items aus dem Product Backlog. Die Auswahl dieser Backlog Items aus dem Product Backlog für das Sprint Backlog erfolgt im Rahmen des Sprint Plannings.

### Wer ist für das Sprint Backlog zuständig?

Die Verantwortung für das Sprint Backlog liegt einzig bei den Developers. Alle Anpassungen und Veränderungen am Sprint Backlog dürfen nur durch die Developers durchgeführt werden. Die Voraussetzung dafür, dass ein Backlog Item in das Sprint Backlog überführt wird, ist erstens, dass es ausreichend detailliert ist. So detailliert, dass die Developers alle Informationen transparent haben, die notwendig sind, um das Backlog Item im Rahmen des Sprints abzuarbeiten. Und zweitens muss das Backlog Item von den Developers für den anstehenden Sprint ausgewählt worden sein, so dass diese das Item als umsetzbar bezüglich ihrer eigenen verfügbaren Kapazität während des Sprints einschätzt.

### Wie im SCRUM-Prozess kommt das Sprint Backlog zur Anwendung?

Das Sprint Backlog enthält einen Plan, wie das Inkrement geliefert und damit das Sprint-Ziel erreicht wird. Konkret enthält das Sprint Backlog eine Planung der

Developers, welche Funktionalität das nächste Produktinkrement sein wird, und über die Entwicklungsarbeit, die erforderlich ist, um die Funktionalität in ein „Done" zu überführen. Dieser Plan muss so detailliert sein, dass er auch im Daily SCRUM genutzt und verwendet werden kann.

*In der Praxis wird hierfür oft ein Taskboard verwendet (siehe hierzu Abschnitt 4.1).*

Das Sprint Backlog wird während des Sprints durch die Developers immer weiter überarbeitet, so dass sich das Sprint Backlog hinsichtlich Klarheit und Konkretisierung im Laufe des Sprints immer mehr herausbildet. Dies liegt daran, dass, je länger die Developers am Sprint Backlog arbeiten, sie immer mehr von der zu erledigenden Arbeit verstehen, die notwendig ist, das Sprint-Ziel zu erreichen. Dieses Wissen wiederum fließt dann im Rahmen der fortlaufenden Überprüfung und Anpassung in das Sprint Backlog ein.

Im Laufe des Sprints kann es vorkommen, dass die Developers feststellen, dass grundsätzliche Änderungen im Sprint Backlog notwendig sind. Die drei folgenden grundsätzlichen Gründe können es erforderlich machen, das Sprint Backlog anzupassen:

- Zusätzliche Aufgaben sind erforderlich: Wenn die Developers bemerken, dass zusätzlich Aufgaben zu erledigen sind, ergänzen sie diese Aufgaben im Sprint Backlog.

- Aufgaben können nicht umgesetzt werden: Es kann sein, dass im Laufe des Sprints bemerkt wird, dass manche Aufgaben nicht im Laufe des Sprints erledigt werden können. Die Gründe hierfür können vielfältig sein. Wenn dies so ist, dann werden diese gestrichen.

- Aufgaben sind erledigt: Wenn Aufgaben erledigt sind, werden diese auch so markiert, und für die noch offenen Aufgaben erfolgt eine erneute Schätzung.

Wichtig ist hierbei, dass es nur den Developers erlaubt ist, Anpassungen am Sprint Backlog durchzuführen. Es ist jederzeit für alle Developers einsehbar. Es ist ein Echtzeit-Monitor bezüglich der anstehenden Aufgaben der Developer, um das Sprint-Ziel zu erreichen.

## Inkrement

Das Inkrement ist das Produkt in seinem aktuellsten Auslieferungszustand inklusive allem, was im aktuellen Sprint umgesetzt wurde.

### Was ist das Ziel des Inkrements?

Das Inkrement wird oft auch Produktinkrement genannt. Es umfasst alle Product Backlog Items, die im Rahmen der vergangenen Sprints umgesetzt wurden. Zudem umfasst es den Wert aller Inkremente, die in den vorherigen Sprints umgesetzt wurden. Das Inkrement ist immer das aktuelle Produkt. Das Inkrement stellt einen wichtigen Bestandteil und Anteil zur Erreichung des Projektziels oder der Produktvision dar.

### Wer ist für das Inkrement zuständig?

Die Developers sind für die Erstellung eines übergabefähigen Inkrements zum Ende jedes Sprints verantwortlich. Nach dessen Fertigstellung ist das Inkrement an den Product Owner zu übergeben. Der Product Owner ist dafür zuständig, die Entscheidung zu treffen, ob er das Inkrement releasen beziehungsweise in Betrieb nehmen möchte. Er kann das Produkt zwar abnehmen und dennoch entscheiden, dass er es nicht releasen möchte.

### Wie im SCRUM-Prozess kommt das Inkrement zur Anwendung?

Am Ende jedes Sprints übergeben die Developers ihre Arbeit in Form des auslieferfähigen Inkrements an den Product Owner. Wichtige Voraussetzung der Übergabe ist, dass das Inkrement auslieferfähig ist. Hierzu gehört, dass es einerseits der „Definition of Done" des SCRUM-Teams entspricht und auch in einem potenziell auslieferbaren Zustand ist. Diese Überprüfung sollte bei einem gut eingespielten SCRUM-Team nicht erst bei Übergabe des Inkrements an den Product Owner erfolgen, sondern schon im Rahmen des Sprints durchgeführt werden. Das Inkrement muss grundsätzlich bereit sein in Betrieb genommen zu werden, unabhängig davon, ob der Product Owner es hierfür geeignet hält.

## Weitere Werkzeuge als Ergänzung der Artefakte

Die drei Artefakte sind so von Ken Schwaber und Jeff Sutherland definiert worden. Zusätzlich gibt es noch drei Themen, die wichtig sind, jedoch weder eine Accountability noch ein Artefakt noch ein Event sind. Hierbei handelt es sich um das Product Goal, Sprint-Ziel und die Definition of Done:

- Product Goal
- Sprint-Ziel
- Definition of Done

Diese Themen stellen wir anhand der folgenden Fragen vor:

- Was ist das Ziel des Einsatzes des jeweiligen Werkzeugs?
- Wer ist für den Einsatz des Werkzeuges zuständig?
- Wie wird das Werkzeug im SCRUM-Prozess eingesetzt?

### Product Goal

Dabei muss zunächst einmal definiert werden was ein Produkt laut SCRUM ist. Ein Produkt kann hierbei eine Dienstleistung oder ein physisches Produkt sein. Zudem ist ein Produkt klar abgrenzbar, hat festgelegte Stakeholder und klar definierte Kunden und Nutzer.

Das Product Goal ist das langfristige Ziel für das SCRUM-Team und bildet den zukünftigen Zustand des Produktes ab. Das Product Goal ist das Commitment für das Product Backlog und dient als übergeordnetes Ziel für das SCRUM-Team. Aus diesem Grund ist es auch Teil des Product Backlogs. Kurz gesagt, liefert das Produktziel den Kontext zum Product Backlog. Man kann es als das „Warum" betrachten. Die Entwicklung des Produktziels entwickelt sich, wie alles in Scrum, mit der Definition des Product Backlogs, und das Produktziel hilft, die Entwicklung des Product Backlogs voranzutreiben. Es gibt zu jedem Zeitpunkt nur ein Produktziel für das Product Backlog.

## Sprint-Ziel

Ein Sprint kann durch ein Sprint-Ziel zusammengefasst werden. Die Backlog Items dienen dann wiederum dazu, das Sprint-Ziel zu konkretisieren. Und die einzelnen Items des Backlogs werden wiederum in Tasks gegliedert. Das Sprint-Ziel ist ein Ziel, das für jeden Sprint vom gesamten SCRUM-Team definiert wird.

Das Sprint-Ziel ist die Leitlinie für den Sprint. Es gibt den Developers Führung bezüglich dem „Warum" sie das Produktinkrement umsetzen. Man könnte es auch das Schlagwort oder das Motto nennen, unter dem der aktuelle Sprint steht. Beispiel: „Rabattfunktion für die Sommeraktion". Das Sprint-Ziel wird während des jeweiligen Sprint Planning Events festgelegt.

Die Product Backlog Items, die für den Sprint ausgewählt wurden, liefern meist eine gemeinsame Funktion des Produkts; diese kann das gewählte Sprint-Ziel sein. Das Sprint-Ziel kann auch jede andere Gemeinsamkeit umfassen, die dazu führt, dass die Developers zusammenarbeiten, anstatt an unterschiedlichen Initiativen zu arbeiten. Wenn es nicht das eine einzige Sprint-Ziel gibt, können auch mehrere Ziele für einen Sprint definiert werden. Immer wenn die Developers bei der Arbeit sind, haben sie das Sprint-Ziel vor Augen.

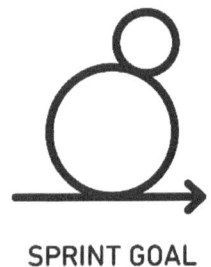

**SPRINT GOAL**

> Zusammenfassung

> Leitlinie für Sprint

> Transparenz schaffen für das Scrum Team

> Vom Scrum Team im Sprint Planning erstellt

Abb. 30: Sprint-Ziel Charakteristik

**Definition of Done**

Ziel der Definition of Done ist es sicherzustellen, dass am Ende eines Sprints ein potenziell auslieferbares Inkrement an den Product Owner übergeben wird, das den Anforderungen der Stakeholder entspricht. Voraussetzung hierfür ist es, dass das SCRUM-Team ein gemeinsames Verständnis (Definition) davon hat, was es bedeutet, dass ein Backlog Item erledigt beziehungsweise fertiggestellt, also „Done" ist.

Hauptziel der Definition of Done ist es, jederzeit Transparenz für das ganze SCRUM-Team zu schaffen, wann etwas Done ist und wann nicht. Diese Definition of Done kann sich beziehen auf:

- Inkrement
- Backlog Item
- Task

Es kann sein, dass es eine allgemein gültige Definition of Done für alle drei dieser Elemente gibt, oder dass es jeweils eine spezifische Definition of Done gibt. Das kommt immer darauf an, worauf sich das SCRUM-Team verständigt.

Denn wie die Definition of Done genau festgelegt wird, ist von SCRUM-Team zu Team unterschiedlich. Wichtig ist jedoch, dass sich alle Mitglieder des SCRUM-Teams möglichst frühzeitig im SCRUM-Prozess auf ein einheitliches Verständnis festlegen.

> Definition: Was bedeutet fertig?

> Eindeutige Abnahmekriterien

> Möglichst frühzeitige Erstellung

> Scrum Team

Abb. 31: Definition of Done

Letztlich ist das SCRUM-Team für die Definition of Done zuständig. Es hat dafür Sorge zu tragen, dass eine Definition of Done entwickelt und diese auch gepflegt wird, und dafür, dass möglichst früh im Prozess eine einheitliche Definition of Done entworfen wird. Es ist zu empfehlen, dies auf jeden Fall im Rahmen des Sprint Plannings durchzuführen – bevor der erste Sprint gestartet wird. Denn nur wenn das SCRUM-Team ein einheitliches Verständnis des „Done" hat, kann die Entwicklungsarbeit effektiv und effizient sein.

So sollte auch nach jedem Sprint eine Überprüfung und Anpassung der Definition of Done stattfinden. Idealerweise erfolgt dies im Rahmen der Retrospektive. Die Definition of Done lebt also über den ganzen SCRUM-Prozess hinweg. Im Sinne der Transparenz ist es wichtig, dass die jeweils aktuelle Definition of Done für jedermann im SCRUM-Team zugänglich und einsehbar ist.

Es ist zu erwarten, dass sich die Definition of Done im Laufe des SCRUM-Prozesses mehr und mehr verfeinert, da das SCRUM-Team lernt, welche Definition of Done für das zu entwickelnde Produkt sinnvoll ist und wie diese mit immer stringenteren Kriterien beschrieben werden kann. Ziel dieser Verbesserung und Konkretisierung sollte stets sein, dass im Ergebnis eine höhere Produktqualität erzielt wird.

Es ist durchaus möglich, dass die Tatsache, dass im Laufe des Sprint-Prozesses eine konkreter werdende Definition of Done Arbeit aufdeckt, die getan werden muss, weil die bisherige Definition of Done zu unkonkret war. Je konkreter die Definition of Done und je früher diese konkret ist, umso besser für die Inkremente als Ergebnis des Entwicklungsprozesses.

*Aus der Praxis: Letztlich sollte jedes Produkt oder jedes System über eine Definition of Done verfügen, die als Standard für alle Arbeiten, die daran vollzogen werden, dienen.*

In vielen Entwicklungsorganisationen oder -teams gibt es eine einheitliche Definition of Done, die als Minimum für alle Arbeiten in diesen Teams gilt. In diesem Fall haben auch alle SCRUM-Teams diese Definition of Done anzuwenden. Ist dies nicht der Fall, gibt es also keine einheitlich gültige Definition of Done, und es gibt zwei unterschiedliche Möglichkeiten:

- Es gibt ein SCRUM-Team: Wenn es keine einheitliche Definition of Done gibt, muss das SCRUM-Team eine Definition of Done definieren, die für das zu entwickelnde Produkt angemessen und passend ist.

- Mehrere SCRUM-Teams arbeiten an einem Produkt: In diesem Fall müssen sich die unterschiedlichen SCRUM-Teams auf eine gemeinsame Definition of Done festlegen. Da alle Teams an einem Produkt oder System arbeiten, darf es auch nur eine Definition of Done geben.

Es ist noch wichtig zu erwähnen, dass jedes Inkrement eine Ergänzung aller bisherigen Inkremente darstellt und dass es in der Form getestet sein muss, dass es mit den anderen bereits ausgelieferten Inkrementen funktioniert.

### Übungsfragen zum Kapitel: „Wie funktioniert SCRUM? – Artefakte"

Hinweis: Diese Übungsfragen sollen dir dabei helfen, die Inhalte dieses Buchs zu reflektieren. Die Lösungen findest du in Abschnitt 5.5. Den ausführlichen Prüfungsfragenkatalog mit allen möglichen Prüfungsfragen findest du in unserem Onlinekurs unter www.agile-heroes.de.

[71]  Artefakte sind dadurch charakterisiert, dass …

- ☐  sie maximale Transparenz schaffen.
- ☐  ein gleiches Verständnis der Artefakte im Team notwendig ist.
- ☐  sie eine Möglichkeit zur Überprüfung und Anpassung sind.
- ☐  die Arbeit und die Accountabilities der Teammitglieder definieren.

[72]  In SCRUM gibt es insgesamt …

☐  drei Artefakte

☐  fünf Artefakte

☐  sieben Artefakte

☐  neun Artefakte

[73]  Artefakte nach SCRUM sind …

☐  Product Backlog, Sprint Backlog, Inkrement

☐  Sprint-Ziel, Product Backlog Refinement

☐  Product Owner, Product Backlog, Product Refinement

☐  Keine der Antworten ist richtig

[74]  Das Product Backlog …

☐  ist eine Teilmenge des Sprint Backlogs.

☐  umfasst alle Backlog Items, die umgesetzt werden sollten.

☐  umfasst alle Features, Funktionen, Anforderungen, Verbesserungen und Änderungen des Produktes.

☐  wird vom Product Owner initial erstellt, gemanagt und gepflegt.

[75]  Welche der folgenden Aussagen sind richtig?

☐  Das Product Backlog wird von den Stakeholdern erstellt.

☐  Alle Anforderungen der Stakeholder sollten sich im Product Backlog wiederfinden.

☐  Das Product Backlog wird fortlaufend vom Product Owner gepflegt.

☐  Keine der Antwortmöglichkeiten ist richtig.

[76]  Das Sprint Backlog …

☐ umfasst alle Backlog Items, die im Rahmen des Sprints umgesetzt werden sollten.

☐ dient den Developers für Transparenz im Rahmen des Sprints.

☐ wird von den Developers gepflegt.

☐ Keine der aufgeführten Möglichkeiten.

[77]  Welche der folgenden Aussagen ist richtig?

☐ Das Sprint Backlog ist eine Teilmenge des Product Backlogs.

☐ Voraussetzung, dass Backlog Items ins Sprint Backlog übergehen ist, dass sie „Ready" sind.

☐ Das Sprint Backlog hat in jedem Sprint den gleichen Inhalt und wird nur jeweils aktualisiert.

☐ Keine der aufgeführten Antwortmöglichkeiten.

[78]  Das Inkrement …

☐ wird auch Produktinkrement genannt.

☐ sollte betriebsfertig und auslieferbar sein.

☐ wird im Sprint Backlog eingetragen.

☐ sollte bereits getestet und mit allen anderen Komponenten des Produkts kompatibel sein.

[79]  Welche der folgenden Aussagen sind richtig?

☐ Die Developers sind für die Entwicklung des Inkrements zuständig.

☐ Der Product Owner nimmt das Inkrement ab und entscheidet, ob er es releasen möchte.

☐ Das Inkrement wird von SCRUM Master abgenommen. Er entscheidet, ob das Inkrement releaset wird.

☐ Keine der Antwortmöglichkeiten ist richtig.

[80]  Das Sprint-Ziel ist …

☐ eine gemeinsame Leitlinie für die Developers im Rahmen des Sprints.

☐ die Zusammenfassung dessen, was in einem Sprint umgesetzt werden sollte.

☐ die Zeitdauer, die maximal für einen Sprint zu Verfügung steht.

☐ Keine der Antwortmöglichkeiten ist richtig.

[81]  Das Sprint-Ziel wird …

☐ im Rahmen des Sprint Plannings festgelegt.

☐ im Rahmen des Sprint Reviews festgelegt.

☐ im Rahmen der Sprint-Retrospektive festgelegt.

☐ Keine der Antwortmöglichkeiten ist richtig.

[82]  Welche der folgenden Aussagen ist richtig?

☐ Das Sprint-Ziel wird vom Product Owner festgelegt.

☐ Das Sprint-Ziel wird vom SCRUM-Team erstellt.

☐ Das Sprint-Ziel wird von SCRUM Master festgelegt.

☐ Keine der Antworten ist richtig.

[83]  Die Definition of Done …

☐ ist notwendig, um die maximale Zeitdauer eines Tasks festzulegen.

☐ beschreibt, welche Kriterien ein Backlog Item erfüllen muss, damit er als „fertig" bezeichnet werden kann.

☐ Die Festlegung der Definition of Done erfolgt durch das SCRUM-Team.

☐ Der Product Owner entscheidet anhand der Definition of Done, ob er das Inkrement abnimmt oder nicht.

[84]   Eine Definition of Done kann erstellt werden für …

☐ Inkrement

☐ Task

☐ Backlog Item

☐ Keine der Antwortmöglichkeiten ist richtig

[85]   Welche der folgenden Aussagen sind richtig?

☐ Die Definition of Done sollte in der Retrospektive angepasst werden.

☐ Die Definition of Done wird von SCRUM Master vorgegeben.

☐ Die Definition of Done wird im Rahmen des Sprint Reviews definiert.

☐ Keine der Aussagen sind richtig.

## 3.6    Zusammenführung der Komponenten von SCRUM

| Event/ Details | Rolle | | | | Artefacts/ Werkzeuge | Dauer | Frequenz | Ergebnis |
|---|---|---|---|---|---|---|---|---|
| | P | D | M | S | | | | |
| Sprint | Sprint ist Container (Details siehe einzelne Events) | | | | Siehe andere Events | Max: 4 Wochen | – | Increment |
| Sprint Planning | ü | ü | ü | - | Product Backlog Definition of Done Sprint Ziel | 8 h bei 4 Wochen Sprint | 1 x pro Sprint | Definition of Done Sprint Ziel Sprint Backlog |
| | A | A | A | - | | | | |
| Daily SCRUM | ö | ü | ö | ö | Taskboard Fortlaufendes Monitoring | max. 15 Minuten | 1 x pro Arbeits- tag | Taskboard aktualisiert |
| | P | A | P | P | | | | |
| Sprint Review | ü | ü | ü | ü | Definition of Done Increment | 4 h bei 4 Wochen Sprint | 1 x pro Sprint | Product Backlog aktualisiert Increment abgenommen |
| | A | A | A | A | | | | |
| Sprint Retro- spective | ü | ü | ü | - | Feedback | 3 h bei 4 Wochen Sprint | 1 x pro Sprint | Verbesserungs- maßnahmen |
| | A | A | A | - | | | | |

ANWESENHEIT

ü   Verpflichtend anwesend

ö   Optional anwesend

–   Nicht anwesend

MITWIRKUNG

A   Aktive Mitwirkung

P   Passive Anwesenheit

Abb. 32:  Gesamtüberblick Komponenten von SCRUM

Bisher haben wir viele Begriffe rund um SCRUM verwendet: Values, Principles, SCRUM-Team, Accountabilities, Artefakte, Events, SCRUM-Prozess und viele mehr. Doch wie spielen diese ganzen Komponenten zusammen?

Wir wollen an dieser Stelle gar nicht zu viel Text schreiben. Wir haben in der Abbildung 32 alles Wesentliche zusammengestellt. Diese Übersicht ist auch eine optimale Vorbereitung auf die SCRUM-Prüfung beziehungsweise -Zertifizierung.

# 4 Wozu ist SCRUM in der Praxis anwendbar?

Alles, was wir in den vorherigen Kapiteln vorgestellt haben, ist der Kern von SCRUM, so wie er auch im SCRUM-Guide beschrieben wird. Es haben sich zusätzlich weitere Tools in der Praxis als sinnvoll und hilfreich erwiesen. Diese werden im SCRUM-Guide nur kurz erwähnt. Und wir werden diese aus diesem Grund im Folgenden nur kurz erläutern. Der Kern dieser Tools dient dazu, Transparenz im SCRUM-Team bezüglich des aktuellen Fortschritts, bezogen auf den Umsetzungsstand, zu schaffen. Fast jedem, der sich schon einmal mit Agilem Projektmanagement oder mit SCRUM beschäftigt hat, werden diese Begriffe und Tools schon einmal begegnet sein.

## 4.1 Fortschritts-Monitoring bezogen auf das Gesamtziel

Es muss zu jedem Zeitpunkt während des SCRUM-Prozesses möglich sein, die gesamte Arbeit, die noch zu erledigen ist, um das Gesamtziel zu erreichen und die noch notwendig ist, transparent zu machen. Für diese Transparenz ist der Product Owner zuständig. Er monitort diese gesamte Arbeit, die noch zu tun ist. Dies sollte spätestens jedes Mal beim Sprint Review durchgeführt werden. Der Product Owner vergleicht diese gesamte Arbeit, die noch zu leisten ist, mit der Arbeit, die bereits geleistet ist. So kann er abschätzen, wie realistisch der aktuelle Zeitplan für die Auslieferung des Produktes ist. Diese Information sollte allen Stakeholdern zur Verfügung gestellt werden.

*Für die Umsetzung dieses Monitoring haben sich verschiedenste Tools und Werkzeuge in der Praxis etabliert. Die folgenden drei Werkzeuge sind hier sicher die am meisten verwendeten:*

- *Burn-down Chart*
- *Burn-up Chart*
- *Cumulative Flows Diagram*

## Burn-down Chart

Der Burn-down Chart ist ein Chart, in dem der Fortschritt des verbleibenden Aufwands gegen die Zeit abgetragen ist. Die Y-Achse ist also der verbleibende Aufwand und die X-Achse stellt die Zeit dar. Üblicherweise wird der verbleibende Aufwand in Stunden angegeben. Die Zeit wird üblicherweise in Tagen angegeben. Dies hat den Grund, dass der Burn-down Chart meist auch jeden Tag im Daily SCRUM für die Fortschrittmessung genutzt wird. Gemäß dem SCRUM-Guide sind Burn-down Charts ein optionales Element, das angewendet werden kann, um den Fortschritt transparent zu machen. Bei einem Burn-down Chart ist die X-Achse immer die Zeit. Hingegen wird die Y-Achse in unterschiedlichen Projekten auch unterschiedlich eingesetzt: So kann auf der Y-Achse beispielsweise die Summe der restlichen Stunden für die noch zu erledigende Entwicklungsarbeit oder die Anzahl der noch abzuarbeitenden Tasks angetragen werden.

## Burn-up Chart

Ein Burn-up Chart ist eine Grafik, die den Fortschritt des Anstiegs bezogen auf die Zeit zeigt. Auf der Y-Achse wird in diesem Chart der Anstieg in der entsprechenden Einheit angezeigt. Auf der X-Achse ist entsprechend die Zeit abgetragen. Der Burn-up Chart ist quasi eine Inversion des Burn-down Charts. Burn-up Charts sind gemäß dem SCRUM-Guide ein optionales Werkzeug, um den Fortschritt transparent zu machen.

## Cumulative Flow Diagram

Während ein Burn-down Chart nur besagt, wie viel Arbeit beispielsweise im aktuellen Sprint noch zu erledigen ist, ist ein Cumulative Flow Diagram viel aussagekräftiger. Er gibt auch die Information, wie viele Anforderungen sich zu welchem Zeitpunkt in welchem Umsetzungsstand befinden. Umsetzungszustände können beispielsweise sein: „Im Backlog", „In Umsetzung", „In Prüfung" und „Erledigt". Diese Zustände können wiederum weiter untergliedert werden in „Unterzustände". Dieses Tool hat den Mehrwert, dass diese Informationen auf einen Blick dargestellt werden und mögliche Projektrisiken frühzeitig erkannt werden. Auf der X-Achse wird wieder die Zeit angetragen. Auf der Y-Achse wird die Anzahl oder der Aufwand der Anforderungen, die noch zur Entwicklung anstehen, abgetragen.

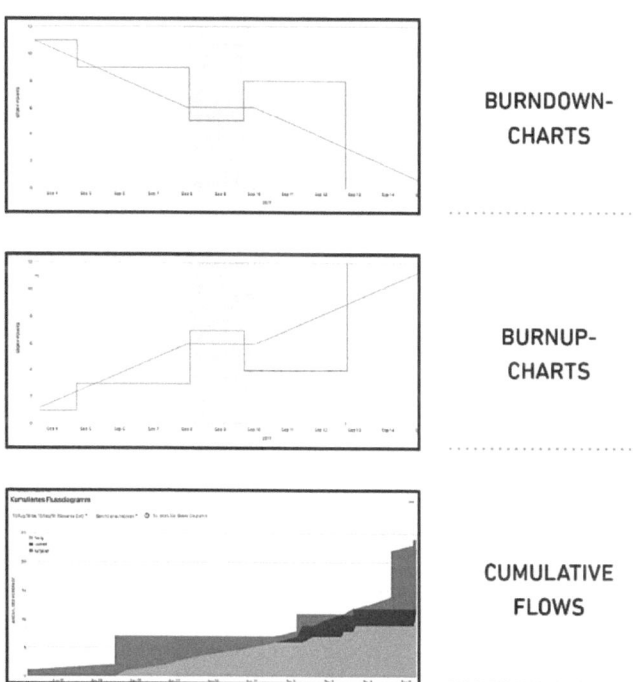

Abb. 33: Cumulative Flow Diagram

Alle diese Werkzeuge sind sehr hilfreich für das Fortschritts-Monitoring. Dennoch ersetzen sie nicht den Empirismus beziehungsweise die Realität. In einem komplexen Umfeld ist das, was in Zukunft passieren wird, immer unbekannt. Aus diesem Grund sollte nur das, was in der Vergangenheit schon passiert ist, dafür verwendet werden, auf die Zukunft gerichtete Entscheidungen zu treffen.

## 4.2    Fortschritts-Monitoring im Rahmen des Sprints

Es sollte zu jedem Zeitpunkt des Sprints möglich sein, die noch zu erledigende Arbeit im Rahmen des Sprints transparent zu machen. Die Developers  sind dafür verantwortlich, diese Transparenz jeden Tag im Rahmen des Daily SCRUM herzustellen. Hierbei sollte zudem die Wahrscheinlichkeit ermittelt werden, dass in der verbleibenden Zeit mit den verbleibenden Kapazitäten das Sprint-Ziel erreicht wird. Die noch ausstehende Arbeit transparent zu machen ist der beste Weg für die Developers, den eigenen Fortschritt zu managen.

In der Praxis werden hierfür entweder die schon im letzten Abschnitt beschriebenen Burn-down oder Burn-up Charts verwendet. Oder was am häufigsten zum Managen des Fortschritts im Rahmen der Entwicklungsarbeit verwendet wird, ist ein SCRUM-Board. Das SCRUM Board macht die aktuellen Backlog Items, also die User Stories oder Tasks, des aktuellen Sprints transparent. Jedem Backlog Item sind seine entsprechenden Tasks zugeordnet. Die Backlog Items werden dann in mehrere Felder aufgegliedert, wie beispielsweise: Backlog, Todo, In Progress, To be approved, Done. Die Tasks wandern demnach von der linken Seite des SCRUM Boards auf die rechte Seite, folgend ihrem aktuellen Fortschritt.

Je nachdem, wie umfangreich und komplex der Sprint ist, kann diese Form des Fortschritts-Monitoring schon ausreichend sein, um abzuschätzen, ob die verbleibende Zeit oder Kapazität ausreichend ist. Das SCRUM Board wird im Rahmen des Daily

SCRUM aktualisiert. Für die Aktualisierung sind die Developers zuständig. Die Abbildung 34 verdeutlicht beispielhaft, wie ein SCRUM Board aussieht.

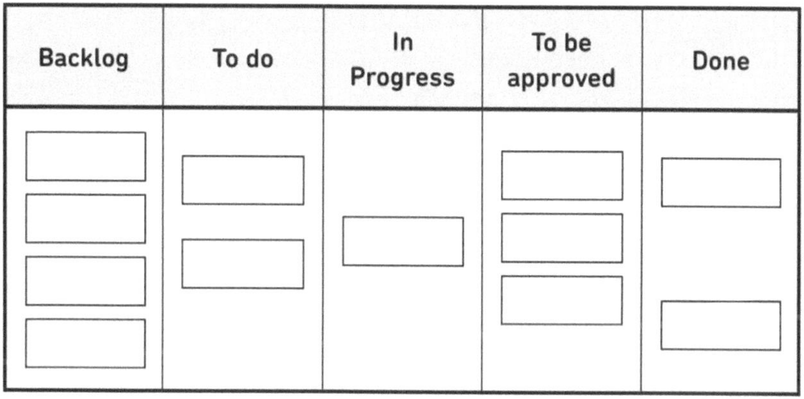

Abb. 34: SCRUM Board

**Übungsfragen zum Kapitel: „Wozu ist SCRUM in der Praxis anwend-bar? – Fortschritts-Monitoring"**

Hinweis: Diese Übungsfragen sollen dir dabei helfen, die Inhalte dieses Buchs zu reflektieren. Die Lösungen findest du in Abschnitt 5.5. Den ausführlichen Prüfungsfragenkatalog mit allen möglichen Prüfungsfragen findest du in unserem Onlinekurs unter www.agile-heroes.de.

[86]   Ein Fortschrittstracking ist in SCRUM …

☐   grundsätzlich nicht notwendig, da SCRUM einen sehr iterativen Charakter hat und deswegen kein Monitoring benötigt.

☐   in Form eines Projektplanes mit Projektphasen durchzuführen.

☐   zu empfehlen, wobei es keine genaue Vorgabe dazu gibt, welche Tools hierfür verwendet werden sollen.

☐   Mögliche Tools sind Burn-down Charts, Burn-up Charts und Cumulative Flow Diagrams. Welches dieser Tools verwendet werden sollte, ist in SCRUM jedoch nicht vorgeschrieben.

[87]   Das Hauptziel von Fortschrittstracking in SCRUM ist …

☐   einzelnen Projektmitgliedern die ihnen zugewiesene Verantwortung deutlich zu machen und ihr Verhalten zu tracken.

☐   Transparenz zu schaffen.

☐   einen möglichen zeitlichen Projektverzug im Nachhinein dokumentiert zu haben.

☐   Keine der Antwortmöglichkeiten ist richtig.

[88]   Als mögliche Tools des Fortschrittstracking in SCRUM gelten …

☐  Task Boards

☐  Burn-down Charts

☐  Burn-up Charts

☐  Cumulative Flow Diagrams

[89]   Im Kern geht es bei dem Fortschrittstracking in SCRUM darum, …

☐  den aktuellen Budgetverbrauch transparent zu machen.

☐  einzelne Milestones gegenüber den Stakeholdern transparent zu machen.

☐  eine zeitliche Abweichung zwischen geplanten Tasks und tatsächlich abgearbeiteten Tasks transparent zu machen.

☐  per Ampelstatus dem Management frühzeitig zu signalisieren, dass es Entscheidungsbedarf gibt.

[90]   Ein Burn-down Chart …

☐  trägt auf der X-Achse die Zeit ab.

☐  trägt auf der Y-Achse die Backlog Items oder Tasks ab.

☐  hat einen fallenden Verlauf mit ablaufender Zeit.

☐  Keine der Antwortmöglichkeiten ist richtig.

[91]  Aus einem Burn-down Chart kann man ablesen, …

☐  wieviel Zeit der Sprint dauern wird.

☐  wie viele Tasks in einer bestimmten Zeit abgearbeitet werden sollten.

☐  wie viele Tasks in einer bestimmten Zeit abgearbeitet wurden.

☐  Keine der aufgeführten Möglichkeiten.

[92]  Ein Burn-up Chart …

☐  trägt auf der X-Achse die Zeit ab.

☐  trägt auf der Y-Achse die Aufgaben oder Backlog Items ab.

☐  hat einen steigenden Verlauf mit ablaufender Zeit.

☐  Keine der Antwortmöglichkeiten ist richtig.

[93]  Aus einem Burn-up Chart kann man ablesen, …

☐  wieviel Zeit der Sprint dauern wird.

☐  wie viele Tasks in einer bestimmten Zeit abgearbeitet werden sollten.

☐  wie viele Tasks in einer bestimmten Zeit abgearbeitet wurden.

☐  Keine der aufgeführten Möglichkeiten.

[94]  Das Cumulative Flow Diagram …

☐  kumuliert alle Tasks oder Anforderungen, die im Zeitverlauf umgesetzt werden sollten.

☐  zeigt an, in welchem Stadium sich die einzelnen Tasks oder Anforderungen gerade befinden.

☐  kann die Tasks oder Anforderungen beispielsweise in die Stadien „Backlog", „Todo", „In Bearbeitung", „In Prüfung" und „Erledigt" gliedern.

☐  Keine der Antwortmöglichkeiten ist richtig.

[95]  Welche der folgenden Aussagen ist richtig?

☐  Das Burn-down Chart dient dazu, die Abarbeitung von einzelnen Tasks im Zeitverlauf zu zeigen.

☐  Der Burn-up Chart ist die Inversion des Burn-up Charts.

☐ Das Cumulative Flow Diagram hat im Gegensatz zu Burn down und Burn-up Charts den Vorteil, dass es Informationen über die unterschiedlichen Stati der Tasks oder Anforderungen gibt.

☐ Keine der Antwortmöglichkeiten ist richtig.

[96] Ein SCRUM Board …

☐ dient dazu, den Umsetzungsstand der Tasks transparent zu machen.

☐ ermöglicht es, den Developers immer visuell zu machen, welche Tasks noch bearbeitet werden und welche in welchem Stadium sind.

☐ sollte von den Developers regelmäßig und selbstständig aktualisiert werden.

☐ Keine der Antwortmöglichkeiten ist richtig.

[97] Fortschrittstracking …

☐ ist alleinige Aufgabe des SCRUM Masters.

☐ ist alleinige Aufgabe des Product Owners.

☐ ist alleinige Aufgabe der Developers.

☐ Keine der Antwortmöglichkeiten ist richtig.

[98] Fortschrittstracking …

☐ stellt den wesentlichen Kern von SCRUM dar.

☐ ist notwendig, um sich gegenüber den Stakeholdern zu rechtfertigen.

☐ sollte nur so lange stattfinden und durchgeführt werden, solange es der Transparenz dient und einen Mehrwert schafft.

☐ Keine der Antwortmöglichkeiten ist richtig.

[99]  Welche der folgenden Aussagen ist richtig?

☐  Alle Tools zum Fortschrittstracking können auf SCRUM.org heruntergeladen werden.

☐  SCRUM ist nur dann erfolgreich, wenn die Tools zum Fortschrittstracking so angewandt werden, wie im SCRUM-Guide beschrieben.

☐  Nur autorisierte Tools sollten für ein erfolgreiches SCRUM-Projekt angewendet werden.

☐  Keine der Antwortmöglichkeiten ist richtig.

[100] SCRUM …

☐  macht keine konkreten Vorgaben, welche Tools für das Monitoring und Tracking angewandt werden sollten.

☐  hat als oberstes Ziel Transparenz, um zu überprüfen und anzupassen.

☐  hat als Maßstab, dass alle Tools, die eingesetzt werden, nur so lange sinnvoll sind, wie sie einen Mehrwert bieten, der in einem angemessenen Verhältnis zum Aufwand steht.

☐  Keine der Antwortmöglichkeiten ist richtig.

# 5 Wie funktionieren die Prüfung und die Zertifizierung?

## 5.1 Wie kann man zertifiziert werden?

Es gibt insgesamt eine Vielzahl von Organisationen, bei denen man sich in Deutschland nach SCRUM zertifizieren lassen kann. Die folgende Übersicht zeigt diese überblicksmäßig. Wir wollen die Zertifizierungen nach der Organisation der beiden Väter von SCRUM, der SCRUM.org, im Detail vorstellen, da sie aus unserer Sicht weltweit, sowohl was die Methodik als auch die Marktabdeckung anbelangt, führend ist:

- SCRUM.org (www.SCRUM.org)
- SCRUM Alliance (www.SCRUMalliance.org)
- EXIN (www.exin.com)
- PMI (www.pmi.org)
- AXELOS/ PRINCE2 (www.axelos.com)
- Itemo/ TÜV Süd (http://www.itemo.org)
- IFAAI (http://www.ifaai.org)

Im Folgenden fokussieren wir uns auf die Darstellung der Prüfung und Zertifizierung nach SCRUM.org. SCRUM.org ist der weltweit führende Anbieter und Zertifizierer von SCRUM.

### Zertifizierung nach SCRUM.org

Es gibt nach SCRUM.org die folgenden vier Zertifizierungsstufen. Diese orientieren sich zuallererst an den drei Accountabilities gemäß SCRUM: SCRUM Master, Product

Owner und Developers. Das Zertifikat zum Scaled Professional SCRUM dient dazu, mehrere SCRUM-Teams parallel zu managen:

- Professional SCRUM Master (PSM):
  für die Rolle des SCRUM Master
- Professional SCRUM Product Owner (PSPO):
  für die Rolle des Product Owners
- Professional SCRUM Developer (PSD):
  für die Rolle der Developers
- Scaled Professional SCRUM (SPS):
  für die Skalierte Anwendung von SCRUM

Für die einzelnen Accountabilities und Zertifizierungsstufen gibt es wiederum mehrere Ausbildungslevel. Diese werden im Folgenden beschrieben.

## Professional SCRUM Master (PMS)

Es gibt drei Ausbildungslevels für den Professional SCRUM Master (Grundlagen, Fortgeschritten und Profi). Diese bewerten und zertifizieren das entsprechende SCRUM-Wissen und seine praktische Anwendungsfähigkeit.

Auf dem Level PSM I attestiert das Zertifikat Grundlagenkenntnisse von SCRUM. Das bedeutet, dass der Zertifikatsinhaber über Grundlagenkenntnisse verfügt, wie sie im SCRUM-Guide vermittelt werden und wie deren Anwendung funktioniert. Zudem verfügt man als SCRUM Master Level 1 über ein einheitliches Verständnis von SCRUM und verwendet eine einheitliche Sprache.

Im Rahmen der PSM II-Stufe lernt der Trainingsteilnehmer fortgeschrittene Kenntnisse von SCRUM. Hierzu gehören die grundlegenden Prinzipien, die SCRUM ausmachen, und die Fähigkeit, diese in einer komplexen und realen Welt anzuwenden.

PSM III Level-Zertifikatsinhaber haben ein tiefgründiges Verständnis von der Anwendung von SCRUM und der Werte von SCRUM in einer Vielzahl von komplexen Team- und Unternehmenssituationen.

## Professional SCRUM Product Owner (PSPO)

Im Rahmen der Zertifizierung zum Professional SCRUM Product Owner gibt es zwei Stufen: Die Fortgeschrittenen-Stufe und die Profi-Stufe. Sie bewerten und zertifizieren das Wissen des SCRUM Product Owners und seiner Fähigkeit, dieses Wissen anzuwenden.

Auf der Stufe I weist der Zertifikatsinhaber nach, dass er das SCRUM Framework verstanden hat und wie dieses dazu verwendet wird, um den Wert des Produktes, das entwickelt wird, zu maximieren. Es zeichnet sich dadurch aus, dass es eine fortlaufende professionelle Produktentwicklung ermöglicht. Zudem ist es mit einem hohen Grad an Selbstverpflichtung in ihrem Anwendungsfeld verbunden. Die Stufe PSPO I ist das niedrigste Level an Wissen, das ein Professional SCRUM Product Owner nachweisen sollte.

Das Level II attestiert zudem Wissen auf Profiniveau zum SCRUM Framework.

## Professional SCRUM Developer

Die Stufe des Professional SCRUM Developer ist so aufgebaut, dass der Zertifikatsinhaber nachweist, dass er das Wissen und die Anwendungskenntnis zu den Techniken hat, die notwendig sind, um eine komplexe Software als Teil eines SCRUM Teams zu entwickeln, und der Fähigkeit, dieses Wissen anzuwenden.

## Scaled Professional SCRUM

Die Scaled Professional SCRUM-Prüfung bewertet und zertifiziert das Wissen. wie man Scaled SCRUM anwendet und wie man das Nexus-Framework verwendet. Zudem weist es das entsprechende Anwendungswissen der Nexus-Software nach.

## 5.2    Welche Prüfungen gibt es?

Grundsätzlich muss für jede Zertifizierungsstufe auch eine eigene Prüfung abgelegt werden. Eine Anrechnung von Prüfungsleistungen zwischen den einzelnen Stufen erfolgt nicht. Man kann sich also merken: pro Zertifikat eine Prüfung. Wie die Prüfungen ablaufen, wird im Folgenden erklärt.

## 5.3    Wie läuft die Prüfung ab?

Die Prüfung bei der SCRUM.org erfolgt als Onlineprüfung. Das bedeutet, dass man sich auf der Homepage von www. SCRUM.org zur Prüfung anmeldet. Den Zeitpunkt der Prüfung kann jeder selbst bestimmen. Es gibt keine festen Prüfungszeiten.

Für die Prüfung zum SCRUM Master Level I und Product Owner Level I hat man 60 Minuten Zeit. Insgesamt bekommt man 80 Fragen gestellt. Die Fragen werden sowohl im Single-Choice-Modus als auch im Multiple-Choice-Modus gestellt. Das bedeutet, dass eine oder mehrere Antwortmöglichkeiten richtig sein können. Insgesamt müssen mindestens 85 Prozent richtig beantwortet sein, um die Prüfung zu bestehen.

Es besteht auch die Möglichkeit, vorab auf SCRUM.org Probefragen zu üben. Gehe hierzu einfach auf SCRUM.org auf den Menüpunkt „Open Assessments". Die Prüfung erfolgt als Open Book-Prüfung, das bedeutet, dass man alles Lernmaterial, das man zur Verfügung hat, in der Prüfung verwenden darf. Man sollte jedoch beachten, dass insgesamt 80 Fragen in nur 60 Minuten bearbeitet werden müssen, so dass wenig Zeit besteht, lange in den Lernmaterialien nachzublättern.

## 5.4    Aufbau Prüfungsfragen SCRUM

Wir haben in diesem Buch nach jedem Kapitel Übungsfragen aufgeführt, die sehr nahe an den originalen Prüfungsfragen sind. Als Lernempfehlung: Arbeite die einzelnen Kapitel durch und überprüfe nach jedem Kapitel dein Wissen mit den pro Kapitel aufgeführten Fragen.

Die Prüfungsfragen sind so aufgebaut wie diese Beispielfrage:


Wer gehört zum SCRUM-Team?

☐   SCRUM Master

☐   Product Owner

☐   Developers

☐   Stakeholder

Lösung: Richtig wären hier die ersten drei Antworten. Die vierte Antwort wäre nicht anzukreuzen, denn die Stakeholder gehören nicht zum SCRUM-Team.

# 6  Lösungen zu den Übungsfragen

Im Folgenden findest du die Auflösung der 100 Übungsfragen, die wir nach jedem Kapitel eingefügt haben.

### Lösung Übungsfragen Kapitel: Warum ist SCRUM so erfolgreich? (Seite 24)

Die richtigen Antworten sind:

| | |
|---|---|
| Frage 1: | 3 |
| Frage 2: | 3 |
| Frage 3: | 3 |
| Frage 4: | 1, 2, 3 |
| Frage 5: | 1, 2, 3, 4 |
| Frage 6: | 3 |
| Frage 7: | 3, 4 |
| Frage 8: | 3, 4 |
| Frage 9: | 3 |
| Frage 10: | 2 |

### Lösung Übungsfragen Kapitel: Was ist SCRUM? – Grundlagen (Seite 42)

Die richtigen Antworten sind:

| | |
|---|---|
| Frage 11: | 1, 2 |
| Frage 12: | 3 |
| Frage 13: | 1 |

Frage 14:     2
Frage 15:     1
Frage 16:     2
Frage 17:     1, 2, 3
Frage 18:     4
Frage 19:     3
Frage 20:     1, 2, 3
Frage 21:     1
Frage 22:     1, 2, 3
Frage 23:     1, 3, 4
Frage 24:     2
Frage 25:     1, 2, 3, 4

## Lösung Übungsfragen Kapitel: Wie funktioniert SCRUM? – SCRUM-Prozess (Seite 53)

Die richtigen Antworten sind:
Frage 26:     3
Frage 27:     3
Frage 28:     1
Frage 29:     1
Frage 30:     1
Frage 31:     1
Frage 32:     2
Frage 33:     1
Frage 34:     1
Frage 35:     2, 3
Frage 36:     1
Frage 37:     3

Frage 38:    2
Frage 39:    4
Frage 40:    4

## Lösung Übungsfragen Kapitel: Wie funktioniert SCRUM? – Accountabilities (Seite 73)

Die richtigen Antworten sind:
Frage 41:    3
Frage 42:    2
Frage 43:    1, 3
Frage 44:    2, 4
Frage 45:    1, 2, 3
Frage 46:    1, 2, 3
Frage 47:    1, 2, 3, 4
Frage 48:    1
Frage 49:    1, 4
Frage 50:    2, 3
Frage 51:    1, 2, 3
Frage 52:    1
Frage 53:    1
Frage 54:    4
Frage 55:    3

## Lösung Übungsfragen Kapitel: Wie funktioniert SCRUM? – Events (Seite 101)

Die richtigen Antworten sind:

Frage 56:    1, 2, 3
Frage 57:    1, 2, 3, 4
Frage 58:    2
Frage 59:    3
Frage 60:    1, 2
Frage 61:    1, 2, 3
Frage 62:    1, 2, 3
Frage 63:    1, 2, 3
Frage 64:    1, 2, 3
Frage 65:    4
Frage 66:    1, 2, 3, 4
Frage 67:    1, 2, 4
Frage 68:    1, 2, 3
Frage 69:    1, 2, 3
Frage 70:    2, 3, 4

## Lösung Übungsfragen Kapitel: Wie funktioniert SCRUM? – Artefakte (Seite 121)

Frage 71:    1, 2, 3
Frage 72:    1
Frage 73:    1
Frage 74:    2, 3, 4
Frage 75:    2, 3
Frage 76:    1, 2, 3

Frage 77:    1, 2
Frage 78:    1, 2, 4
Frage 79:    1, 2
Frage 80:    1, 2
Frage 81:    1
Frage 82:    2
Frage 83:    2, 3, 4
Frage 84:    1, 2, 3
Frage 85:    1

## Lösung Übungsfragen Kapitel: Wozu ist SCRUM in der Praxis anwendbar? – Fortschritts-Monitoring (Seite 134)

Die richtigen Antworten sind:
Frage 86:    3, 4
Frage 87:    2
Frage 88:    1, 2, 3, 4
Frage 89:    3
Frage 90:    1, 2, 3
Frage 91:    1, 2, 3
Frage 92:    1, 2, 3
Frage 93:    1, 2, 3
Frage 94:    1, 2, 3
Frage 95:    1, 2, 3
Frage 96:    1, 2, 3
Frage 97:    4
Frage 98:    3
Frage 99:    4
Frage 100:   1, 2, 3

# 7 Glossar: Welche Begriffe sind wichtig?

Im Folgenden haben wir die wichtigsten Begriffe zu SCRUM zusammengefasst. Die Sammlung basiert auf dem SCRUM-Glossar. Es kann im Netz unter folgendem Link eingesehen werden:

https://www. SCRUM.org/ SCRUM-glossary

Wir haben die englischen Texte jeweils übersetzt und auch teilweise ergänzt. Wenn du diese Begriffe alle erklären kannst, dann bist du gut für die Prüfung vorbereitet. Insofern empfehlen wir dir, die einzelnen Wörter zu lernen und sicherzustellen, dass du weißt, was sie bedeuten.

## Accountability

zu Deutsch Verantwortlichkeit: Jedes Mitglied eines SCRUM-Teams hat eine klar definierte Verantwortlichkeit. Jede Accountability verfügt über eine klare Definition von Aufgaben, Kompetenzen und Verantwortung.

## Artefact

zu Deutsch Artefakt: Artefakte sind das Product Backlog, Sprint Backlog und das Inkrement. Ziel der Artefakte ist, die Arbeit und ihren Wert im Rahmen des SCRUM Prozesses transparent zu machen.

## Burn-down Chart

Burn-down Charts zeigen den Fortschritt bezogen auf die noch zu erledigenden Aufgaben in Relation zur Zeit. Burn-down Charts sind eine optionale Möglichkeit in SCRUM, den Fortschritt transparent zu machen.

## Burn-up Chart

Burn-up Charts zeigen den Fortschritt bezogen auf die noch zu erledigenden Aufgaben in Relation zur Zeit. Burn-up Charts sind eine optionale Möglichkeit in SCRUM, den Fortschritt transparent zu machen.

## Cumulative Flow Chart

Cumulative Flow Charts zeigen den Fortschritt des noch zu schaffenden Aufwands als Anstieg inklusive verschiedener Detailinformationen bezogen auf den aktuellen Status in Relation zur Zeit. Cumulative Flow Charts sind eine optionale Möglichkeit in SCRUM, den Fortschritt transparent zu machen.

## Daily SCRUM

Ein Event mit einer festgelegten Zeitdauer von maximal 15 Minuten. Es dient den Developers dazu, den anstehenden Tag der Entwicklungsarbeit während eines Sprints zu planen. Änderungen und Aktualisierungen werden im Sprint Backlog eingetragen.

## Definition of Done

zu Deutsch Definition von „Fertig": Ein gemeinsames Verständnis über die Erwartungen, die die Software (oder das zu entwickelnde Produkt) erfüllen muss, um ausgeliefert werden zu können. Sie wird von den Developers gemanagt.

## Developers

zu Deutsch Entwickler: Die Developers sind die Rolle im SCRUM-Team, die dafür verantwortlich ist, all die Entwicklungsarbeit zu leisten, die notwendig ist, um in jedem Sprint ein auslieferungsfähiges Inkrement des Produktes zu erstellen.

## Emergence

zu Deutsch Vorkommnis: Der Prozess der Entstehung oder des Bekanntwerdens eines neuen Fakts oder des Wissens über ein Faktum, oder das Wissen über einen Fakt, der unerwartet auftritt.

## Empiricism

zu Deutsch Empirie: Ein Vorgehen zur Prozesskontrolle, in dem nur die Vergangenheit als sicher angenommen wird und in dem Entscheidungen auf Beobachtungen, Erfahrungen und Ausprobieren basieren. Empirie basiert auf drei Säulen: Transparenz, Überprüfung und Anpassung.

## Engineering Standards

zu Deutsch Entwicklungsstandards: Ein einheitliches Verständnis über Entwicklungs- und Technologiestandards, die von den Developers angewandt werden, um ein auslieferungsfähiges Inkrement der Software (oder des Produkts) zu erstellen.

## Forecast (of functionality)

zu Deutsch Vorschau (auf Funktionalitäten): Die Auswahl von Backlog Items aus dem Product Backlog, die die Developers als geeignet ansehen, dass sie in einem Sprint umgesetzt werden.

## Increment

zu Deutsch Inkrement: Ein Teil einer funktionierenden Software, die zu einem bereits vorher entwickelten Inkrement hinzugefügt wird. Alle Inkremente zusammen – in ihrer Gänze – ergeben ein Produkt.

### Product Backlog

Eine nach Rang geordnete Liste der Arbeit, die noch zu erledigen ist, um ein Produkt zu entwickeln, in Stand zu halten oder fortzuführen. Das Product Backlog wird vom Product Owner gemanagt.

### Product Backlog Refinement

Die Tätigkeit während des Sprints, durch die der Product Owner und die Developers Detailinformationen zum Product Backlog hinzufügen.

### Product Owner

Die Accountability in SCRUM, die dafür verantwortlich ist, den Wert des Produkts zu maximieren. Dies erfolgt vorrangig dadurch, dass der Product Owner fortlaufend die fachlichen und geschäftlichen Erwartungen an das Produkt in Abstimmung mit den Developers managt.

### Ready

Zu Deutsch Bereit. Ein gemeinsames Verständnis des Product Owners und der Developers bezogen auf das erwartete Informationslevel jedes Backlog Items. Das Ready wird im Rahmen des Sprint Plannings festgelegt.

### SCRUM

Ein Rahmenwerk, um Teams bei komplexen Produktentwicklungen zu unterstützen. SCRUM besteht aus dem SCRUM-Team und den dazugehörigen Accountabilities, Events, Artefakten und Regeln, so wie diese im SCRUM-Guide beschrieben sind.

## SCRUM-Guide

Die Definition von SCRUM, geschrieben und zur Verfügung gestellt von Ken Schwaber und Jeff Sutherland, den beiden Entwicklern beziehungsweise Vätern von SCRUM. Diese Definition besteht aus SCRUM-Accountabilities, Events, Artefakten und den Regeln, die diese verbinden.

## SCRUM Master

Die Accountability in einem SCRUM Team, die dafür verantwortlich ist, ein SCRUM-Team und sein Umfeld bezogen auf ein klares Verständnis von SCRUM und seiner Anwendung zu begleiten, beraten und zu schulen.

## SCRUM-Team

Ein sich selbst organisierendes Team, das aus dem Product Owner, den Developers und dem SCRUM Master besteht.

## SCRUM Values

zu Deutsch SCRUM-Werte: Die grundlegenden fünf Values und Fähigkeiten, die das SCRUM Framework ermöglichen. Die Values sind Selbstverpflichtung, Fokus, Offenheit, Respekt und Mut.

## Self-Management

Managementprinzip, das davon ausgeht, dass Teams ihre Arbeit autonom und selbst managen. Dieses Selbstmanagement erfolgt innerhalb festgelegter Grenzen auf der Basis von klar vorgegebenen Verantwortlichkeiten. Die Teams entscheiden selbst, wie sie ihre Arbeit ausführen, anstatt von jemand außerhalb des Teams angeleitet zu werden.

## Sprint

Ein zeitlich festgelegtes „Event" mit einer maximalen Dauer von 30 Tagen. Es dient als „Container" für andere SCRUM Events und Aktivitäten. Sprints erfolgen lückenlos nacheinander ohne Pausen zwischen den einzelnen Sprints.

## Sprint Backlog

Eine Übersicht über die Entwicklungsarbeit, die notwendig ist, um das Sprint-Ziel zu erreichen. Es handelt sich hierbei typischerweise um eine Vorschau auf die Funktionalitäten und die Arbeit, die notwendig ist, um eine Funktionalität zu entwickeln. Das Sprint Backlog wird von den Developers gemanagt.

## Sprint Goal

zu Deutsch Sprint-Ziel: Eine kurze Zusammenfassung des Grunds oder des Mottos des Sprints. Hierbei handelt es sich oft um ein geschäftliches Problem, das adressiert wird. Seine Funktionalitäten können während eines Sprints angepasst werden, um das Sprint-Ziel zu erreichen.

## Sprint Planning

Ein zeitlich begrenztes Event mit einer maximalen Dauer von acht Stunden. Es findet zu Beginn jedes Sprints statt. Es dient dem SCRUM-Team dazu, zu überprüfen, welche Arbeit aus dem Product Backlog am besten dafür geeignet ist, als nächstes erledigt zu werden, um dann ins Sprint Backlog übertragen zu werden.

## Sprint Retrospective

zu Deutsch Sprint-Retrospektive: Ein zeitlich begrenztes Event von maximal drei Stunden. Es stellt den Abschluss jedes Sprints dar. Es dient dem SCRUM-Team dazu, den letzten Sprint zu überprüfen und Verbesserungen zu planen, die im nächsten Sprint umgesetzt werden sollten.

## Sprint Review

Ein zeitlich begrenztes Event mit einer maximalen Dauer von vier Stunden. Ziel ist, die Entwicklungsarbeit der Developers abzuschließen. Es dient dem SCRUM-Team und den Stakeholdern dazu, das Inkrement des Produkts, das aus dem Sprint geliefert wurde, zu überprüfen.

## Stakeholder

Eine externe Person, die nicht Teil des SCRUM-Teams ist. Sie verfügt über ein besonderes Interesse an oder über Wissen zu dem zu entwickelnden Produkt. Die Stakeholder werden im SCRUM-Team über den Product Owner repräsentiert. Aktiv eingebunden werden die Stakeholder im Sprint Review.

## Velocity

zu Deutsch Geschwindigkeit: Eine optionale, jedoch oft verwendete Indikation dafür, wieviel Backlog Items des Product Backlogs durch das SCRUM-Team während eines Sprints in ein Inkrement des Produkts überführt wurden. Es wird von den Developers für das gesamte SCRUM-Team getrackt.

# 8  Gute Informationsquellen und Literatur

Informationsquellen im Netz:

- SCRUM.org: http://www. SCRUM.org
- SCRUM Kompakt: https://improuv.com/content/ SCRUM-kompakt
- SCRUM-Guide: http://www. SCRUMguides.org/index.html
- SCRUM-Glossar: https://www. SCRUM.org/ SCRUM-glossary
- Agile Atlas: https://improuv.com/publication/agile-atlas-core- SCRUM
- Agiles Manifest Principles: http://agilemanifesto.org/iso/de/principles.html
- Agiles Manifest. http://agilemanifesto.org/iso/de/manifesto.html

Literatur:

- SCRUM – kurz & gut – von Rolf Dräther und Holger Koschek, erschienen in O'Reillys Taschenbibliothek 2013
- SCRUM: The Art of Doing Twice the Work in Half the Time – von Jeff Sutherland – Random House Business 2015
- Essential SCRUM: Die wesentlichen Aspekte von SCRUM zum Lernen und Nachschlagen – von S. Rubin Kenneth, erschienen in mitp Professional 2014

# Index